建设工程造价员手工算量与实例精析系列丛书

市政工程造价员
手工算量与实例精析

本书编委会　编

中国建筑工业出版社

图书在版编目(CIP)数据

市政工程造价员手工算量与实例精析/本书编委会
编. —北京:中国建筑工业出版社,2015.9(2024.4
重印)
(建设工程造价员手工算量与实例精析系列丛书)
ISBN 978-7-112-17345-7

Ⅰ.①市… Ⅱ.①本… Ⅲ.①市政工程-工程造价
Ⅳ.①TU723.3

中国版本图书馆 CIP 数据核字(2014)第 230959 号

本书依据最新版《建设工程工程量清单计价规范》GB 50500—2013、《市政工程工程量计算规范》GB 50857—2013 进行编写,结合工程量计算实例,详细介绍了市政工程工程量手算的规则和方法。通过讲解市政工程各分项(土石方工程、道路工程、桥涵工程、隧道工程、管网工程、水处理工程、钢筋及拆除工程)工程量的手算规则和市政工程工程量计价编制应用实例,向读者说明如何快速计算工程量,并对工程量手算的内容和相关规定进行了说明。

本书可供市政工程工程预算、工程造价与项目管理人员工作使用。

责任编辑:岳建光 张 磊
责任设计:李志立
责任校对:李欣慰 关 健

建设工程造价员手工算量与实例精析系列丛书
市政工程造价员手工算量与实例精析
本书编委会 编
*
中国建筑工业出版社出版、发行(北京西郊百万庄)
各地新华书店、建筑书店经销
北京科地亚盟排版公司制版
建工社(河北)印刷有限公司印刷
*
开本:787×1092毫米 1/16 印张:12½ 字数:304千字
2015年1月第一版 2024年4月第六次印刷
定价:45.00元
ISBN 978-7-112-17345-7
(39371)

本书编委会

主　编：张　雷

副主编：郭　莹

参　编：（按姓氏笔画顺序排列）

　　　　王红微　王春乐　左丹丹　齐丽娜

　　　　李向敏　张　彤　张淑鑫　姜　媛

　　　　韩　旭　蒋　彤

前　　言

　　合理控制工程造价是市政工程建设的核心任务，正确、快速的计算工程量是这一核心任务的首要工作。工程量计算具有工作量较大、费时、细致等特点，约占整个工程造价编制工作量的 50%～70%，其准确与否，直接影响工程造价的准确性，以及工程建设的投资控制。自我国实行工程量计算方法以来，手工算量就随之出现。这种算量方法一直是我国工程量算量的主体，手工算量人员参与整个计算过程，可以将错误控制在很小的范围内，容易被发现且易修改，并且非常容易进行审核和审定，计算结果的准确度更高。在市场竞争激励的今天，谁能在最短的时间内，算出一份准确、实用的工程造价，也成为工程建设中的竞争筹码。

　　本书共分为 8 章，内容包括土石方工程手工算量与实例精析、道路工程手工算量与实例精析、桥涵工程手工算量与实例精析、隧道工程手工算量与实例精析、管网工程手工算量与实例精析、水处理工程手工算量与实例精析、钢筋及拆除工程手工算量与实例精析、市政工程工程量计价编制应用实例。在内容编写上，本书将市政工程中常用的手算公式与根据实际工作总结的计算公式相结合，向读者说明如何快速计算工程量，并对工程量手算的内容和相关规定进行了说明。本书可供市政工程工程预算、工程造价与项目管理人员工作使用。

　　由于学识和经验有限，虽尽心尽力但书中仍难免存在疏漏或未尽之处，敬请有关专家和读者予以批评指正。

目　　录

1 土石方工程手工算量与实例精析 ·············· 1

　　1.1 土石方工程工程量手算方法 ·············· 1

　　　　1.1.1 挖一般土方工程量 ·············· 1

　　　　1.1.2 挖沟槽土方工程量 ·············· 1

　　　　1.1.3 挖基坑工程量 ·············· 4

　　　　1.1.4 管道沟槽工程量 ·············· 7

　　　　1.1.5 其他项目工程量 ·············· 9

　　1.2 土石方工程工程量手算参考公式 ·············· 10

　　　　1.2.1 土石方开挖工程量计算常用公式 ·············· 10

　　　　1.2.2 土石方工程工程量计算参考公式 ·············· 13

　　1.3 土石方工程工程量手算实例解析 ·············· 17

2 道路工程手工算量与实例精析 ·············· 31

　　2.1 道路工程工程量手算方法 ·············· 31

　　　　2.1.1 路基处理工程量 ·············· 31

　　　　2.1.2 道路基层工程量 ·············· 33

　　　　2.1.3 道路面层工程量 ·············· 34

　　　　2.1.4 人行道及其他工程量 ·············· 35

　　　　2.1.5 交通管理设施工程量 ·············· 36

　　2.2 道路工程工程量手算参考公式 ·············· 38

　　　　2.2.1 转角路口面积计算 ·············· 38

　　　　2.2.2 转角转弯侧平石长度计算 ·············· 38

　　2.3 道路工程工程量手算实例解析 ·············· 39

3 桥涵工程手工算量与实例精析 ·············· 57

　　3.1 桥涵工程工程量手算方法 ·············· 57

　　　　3.1.1 桥涵基础工程工程量 ·············· 57

　　　　3.1.2 混凝土构件与砌筑工程工程量 ·············· 61

　　　　3.1.3 立交箱涵工程量 ·············· 64

　　　　3.1.4 钢结构工程量 ·············· 64

　　　　3.1.5 装饰工程量 ·············· 65

　　　　3.1.6 其他工程工程量 ·············· 65

　　3.2 桥涵工程工程量手算实例解析 ·············· 75

4 隧道工程手工算量与实例精析 ·············· 98

　　4.1 隧道工程工程量手算方法 ·············· 98

　　　　4.1.1 隧道岩石开挖工程量 ·············· 98

　　　4.1.2　岩石隧道衬砌工程量 ··· 99
　　　4.1.3　盾构掘进工程量 ··· 101
　　　4.1.4　管节顶升、旁信道工程量 ··· 103
　　　4.1.5　隧道沉井工程量 ··· 104
　　　4.1.6　混凝土结构工程量 ··· 105
　　　4.1.7　沉管隧道工程量 ··· 106
　　4.2　隧道工程工程量手算实例解析 ··· 108

5　管网工程手工算量与实例精析 ··· 118
　　5.1　管网工程工程量手算方法 ··· 118
　　　5.1.1　管道铺设工程量 ··· 118
　　　5.1.2　管件、阀门及附件工程量 ··· 121
　　　5.1.3　支架制作及安装工程量 ··· 124
　　　5.1.4　管道附属构筑物工程量 ··· 125
　　5.2　管网工程工程量手算实例解析 ··· 126

6　水处理工程手工算量与实例精析 ··· 135
　　6.1　水处理工程工程量手算方法 ··· 135
　　　6.1.1　水处理构筑物工程量 ··· 135
　　　6.1.2　水处理设备工程量 ··· 138
　　6.2　水处理工程工程量手算实例解析 ··· 141

7　钢筋及拆除工程手工算量与实例精析 ··· 146
　　7.1　钢筋及拆除工程工程量手算方法 ··· 146
　　　7.1.1　钢筋工程工程量 ··· 146
　　　7.1.2　拆除工程工程量 ··· 147
　　7.2　钢筋工程工程量手算参考公式 ··· 148
　　　7.2.1　直线钢筋下料长度计算 ··· 148
　　　7.2.2　弯起钢筋下料长度计算 ··· 148
　　　7.2.3　箍筋（双箍）下料长度计算 ··· 148
　　　7.2.4　圆形构件钢筋长度计算 ··· 149
　　　7.2.5　钢筋弯钩增加长度计算 ··· 149
　　　7.2.6　常见型式钢筋长度计算表 ··· 150
　　7.3　钢筋及拆除工程工程量手算实例解析 ··· 152

8　市政工程工程量计价编制应用实例 ··· 159
　　8.1　市政工程投标报价编制实例 ··· 159
　　8.2　市政工程竣工结算编制实例 ··· 172

参考文献 ··· 193

1 土石方工程手工算量与实例精析

1.1 土石方工程工程量手算方法

1.1.1 挖一般土方工程量

1. 计算公式

$$V = H \times S \quad (\text{m}^3)$$

式中　V——挖一般土方体积，m^3；

　　　H——挖方深度，m；

　　　S——开挖面积，m^2。

2. 计算方法

(1) 场地平整可采用平均开挖深度乘以开挖面积的计算方法。

(2) 开挖线起伏变化不大时，采用方格网法的计算方法。

3. 计算规则

挖一般土方工程量按设计图示尺寸以体积计算。

1.1.2 挖沟槽土方工程量

1. 不放坡，不支挡土板，不留工作面

不放坡，不支挡土板，不留工作面沟槽示意图如图 1-1 所示。

(1) 计算公式

$$V = b \times h \times l \quad (\text{m}^3)$$

式中　V——挖槽工程量（下同），m^3；

　　　b——槽底宽度，m；

　　　h——挖土深度，m；

　　　l——沟槽长度，m。

(2) 工程量计算规则

1) 清单工程量计算规则

不放坡，不支挡土板，不留工作面沟槽挖土方工程量按设计图示尺寸以基础垫层面积乘以挖土深度计算。

图 1-1　不放坡，不支挡土板，不留工作面

2) 定额工程量计算规则

① 挖沟槽按体积以立方米（m^3）计算工程量。沟槽的长度，外墙按图示中心线长度计算；内墙按图示基础沟槽底面之间净长线长度计算；沟槽内外突出部分（包括垛、附墙烟囱等）的体积，并入沟槽土方工程量内计算。

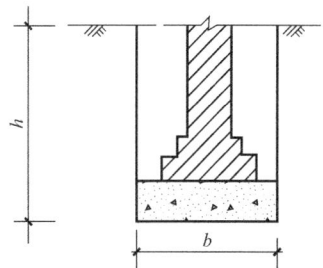

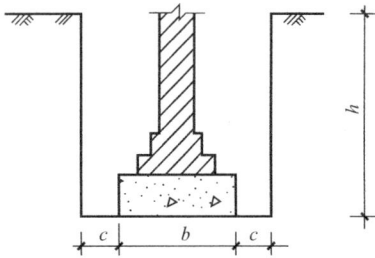

图 1-2 不放坡, 不支挡土板, 留工作面

② 沟槽宽度按图示尺寸计算, 深度按图示槽底面至室外地坪的深度计算。

2. 不放坡, 不支挡土板, 留工作面

不放坡, 不支挡土板, 留工作面沟槽示意图如图 1-2 所示。

(1) 计算公式

$$V = (b + 2c) \times h \times l \quad (\text{m}^3)$$

式中　b——基础底宽度;

　　　c——增加工作面, 按表 1-1 取值。

不同施工内容工作面 (c) 表　　　　表 1-1

施工工作内容	工作面 (cm)
1. 毛石砌筑每边增加工作面	15
2. 混凝土基础需支模板每边增加工作面	30
3. 使用卷材或防水砂浆做竖向防潮层每边增加工作面	60
4. 支挡土板挖土, 按设计槽 (坑) 每边增加挡板	10

注: 1. 管沟底部每侧工作面宽度见表 1-2。
　　2. 管道结构宽度: 无管座按管身外皮计算; 有管座按管座外皮计算; 砖砌或混凝土管按管沟外皮计算。
　　3. 沟底需增设排水沟时, 工作面宽度可适当增加。
　　4. 有外防水的砖沟或混凝土沟时, 每侧工作面宽度宜取 80cm。

管沟底部每侧工作面宽度 (单位: cm)　　　　表 1-2

管道结构宽	混凝土管道基础90°	混凝土管道基础>90°	金属管道	构筑物	
				无防潮层	有防潮层
50 以内	40	40	30	40	60
100 以内	50	50	40		
250 以内	60	50	40		
250 以上	70	60	50		

注: 1. 管道结构宽: 有管座按管道基础外缘, 无管座按管道外径计算; 构筑物按基础外缘计算。
　　2. 本表按《全国统一市政工程预算定额》GYD-301—1999 "通用项目" 整理, 并增加管道结构宽 250cm 以上的工作面宽度值。

(2) 工程量计算规则

1) 清单工程量计算规则

不放坡, 不支挡土板, 留工作面沟槽挖土方工程量按设计图示尺寸以基础垫层面积乘以挖土深度计算。

2) 定额工程量计算规则

① 挖沟槽按体积以立方米 (m^3) 计算工程量。沟槽的长度, 外墙按图示中心线长度计算; 内墙按图示基础沟槽底面之间净长线长度计算; 沟槽内外突出部分 (包括垛、附墙烟囱等) 的体积, 并入沟槽土方工程量内计算。

② 沟槽宽度按图示尺寸计算, 深度按图示槽底面至室外地坪的深度计算。

3. 不放坡, 双面支挡土板, 留工作面

不放坡, 双面支挡土板, 留工作面沟槽示意图如图 1-3 所示。

（1）计算公式
$$V = (b+2c+0.2) \times h \times l \quad (m^3)$$
式中 0.2——双面挡土板的厚度。

（2）工程量计算规则

1）清单工程量计算规则

不放坡，双面支挡土板，留工作面沟槽挖土方工程量按设计图示尺寸以基础垫层面积乘以挖土深度计算。

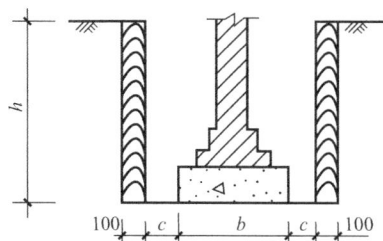

图 1-3 不放坡，双面支挡土板，留工作面

2）定额工程量计算规则

① 挖沟槽按体积以立方米（m³）计算工程量。沟槽的长度，外墙按图示中心线长度计算；内墙按图示基础沟槽底面之间净长线长度计算；沟槽内外突出部分（包括垛、附墙烟囱等）的体积，并入沟槽土方工程量内计算。

② 沟槽宽度按图示尺寸计算，深度按图示槽底面至室外地坪的深度计算。

4. 放坡，不支挡土板，留工作面

放坡，不支挡土板，留工作面沟槽示意图如图 1-4 所示。

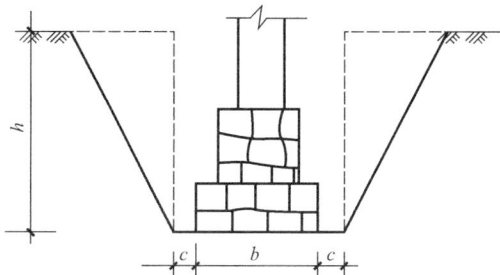

图 1-4 基础施工留工作面

（1）清单工程量

1）计算公式
$$V = (b+2c) \times l \times h \quad (m^3)$$
式中 l——沟槽长度，m。

2）工程量计算规则

放坡，不支挡土板，留工作面沟槽挖土方工程量按设计图示尺寸以基础垫层面积乘以挖土深度计算。

（2）定额工程量

1）计算公式
$$V = (b+2c+k \times h) \times h \times l \quad (m^3)$$
式中 k——放坡系数。

2）工程量计算规则

① 挖沟槽按体积以立方米（m³）计算工程量。沟槽的长度，外墙按图示中心线长度计算；内墙按图示基础沟槽底面之间净长线长度计算；沟槽内外突出部分（包括垛、附墙烟囱等）的体积，并入沟槽土方工程量内计算；计算放坡时，交接处的重复工程量不予扣除。

② 沟槽宽度按图示尺寸计算，深度按图示槽底面至室外地坪的深度计算。

③ 排管沟槽为梯形时，其所需增加的开挖土方量应按沟槽总土方量的 2.5% 计算。若为矩形，应按 7.5% 计算，当沟槽深度超过 1m 时，可计取湿土排水费用。

5. 单面放坡，单面支挡土板，留工作面

单面放坡，单面支挡土板，留工作面沟槽示意图如图 1-5 所示。

（1）清单工程量

1）计算公式
$$V = (b+2c) \times l \times h \quad (m^3)$$

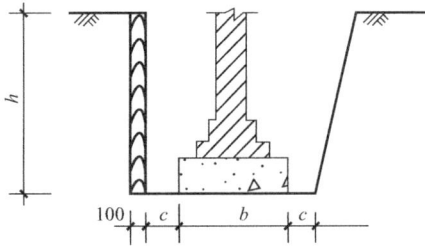

图 1-5 单面放坡、单面
支挡土板、留工作面

式中 k——放坡系数。

式中 l——沟槽长度，m。

2）工程量计算规则

单面放坡、单面支挡土板、留工作面沟槽挖土方工程量按设计图示尺寸以基础垫层面积乘以挖土深度计算。

（2）定额工程量

1）计算公式

$$V = \left(b + 2c + 0.1 + \frac{1}{2}k \times h\right) \times h \times l \quad (\text{m}^3)$$

2）工程量计算规则

① 挖沟槽按体积以立方米（m³）计算工程量。沟槽的长度，外墙按图示中心线长度计算；内墙按图示基础沟槽底面之间净长线长度计算；沟槽内外突出部分（包括垛、附墙烟囱等）的体积，并入沟槽土方工程量内计算；计算放坡时，交接处的重复工程量不予扣除。

② 沟槽宽度按图示尺寸计算，深度按图示槽底面至室外地坪的深度计算。

1.1.3 挖基坑工程量

1. 不放坡，不支挡土板

（1）计算公式

1）矩形：

$$V = a \times b \times h \quad (\text{m}^3)$$

若增加工作面，上式变为：

$$V = (a + 2c)(b + 2c) \times h \quad (\text{m}^3)$$

2）圆形：

$$V = \pi R^2 \times h \quad (\text{m}^3)$$

增加工作面时

$$V = \pi(R + c)^2 \times h \quad (\text{m}^3)$$

式中 a——基坑底面长度，m；

b——基坑底面宽度，m；

R——基坑底面半径，m。

（2）工程量计算规则

1）清单工程量计算规则

不放坡，不支挡土板基坑挖土方工程量按设计图示尺寸以基础垫层面积乘以挖土深度计算。

2）定额工程量计算规则

基坑挖土体积以"m³"计算，基坑深度按图示坑底面至室外地坪深度计算。

2. 不放坡，支挡土板，留工作面，圆形

不放坡，支挡土板，留工作面，圆形基坑示意图如图 1-6 所示。

（1）计算公式

$$V = h\pi(R_1 + 0.1)^2 \quad (\text{m}^3)$$

式中　V——挖基坑工程量，m^3；

　　　R_1——基坑挖土半径，m；

　　　0.1——挡土板厚度，m。

（2）工程量计算规则

1）清单工程量计算规则

不放坡，支挡土板，留工作面，圆形基坑挖土方工程量按设计图示尺寸以基础垫层面积乘以挖土深度计算。

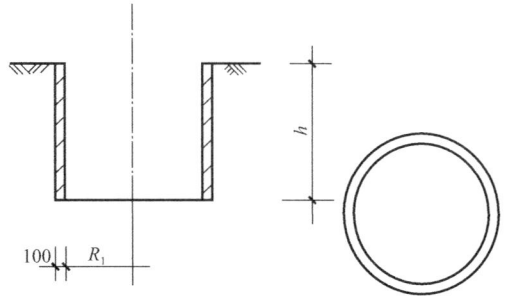

图 1-6　支挡土板的圆形基坑

2）定额工程量计算规则

基坑挖土体积以"m^3"计算，基坑深度按图示坑底面至室外地坪深度计算。

3. 放坡，不支挡土板，留工作面，矩形

（1）清单工程量计算

放坡，不支挡土板，留工作面，矩形基坑示意图如图 1-7 所示。

1）计算公式

$$V = a_1 \times b_1 \times h \quad (\text{m}^3)$$

式中　a_1——基坑下部长度，m；

　　　b_1——基坑下部宽度，m；

　　　h——基坑高度，m。

2）工程量计算规则

放坡，不支挡土板，留工作面，矩形基坑挖土方工程量按设计图示尺寸以基础垫层面积乘以挖土深度计算。

（2）定额工程量

放坡方形或长方形基坑示意图如图 1-8 所示。

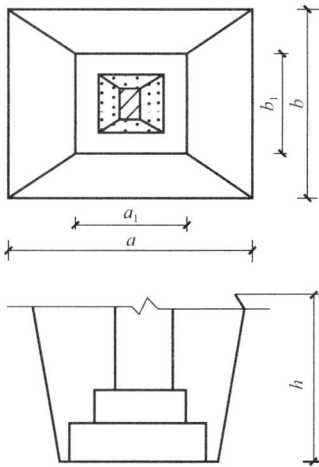

图 1-7　放坡，不支挡土板，
留工作面

1）计算公式

$$V = (a + 2c + kh)(b + 2c + kh) \times h + \frac{1}{3}k^2h^3 \quad (\text{m}^3)$$

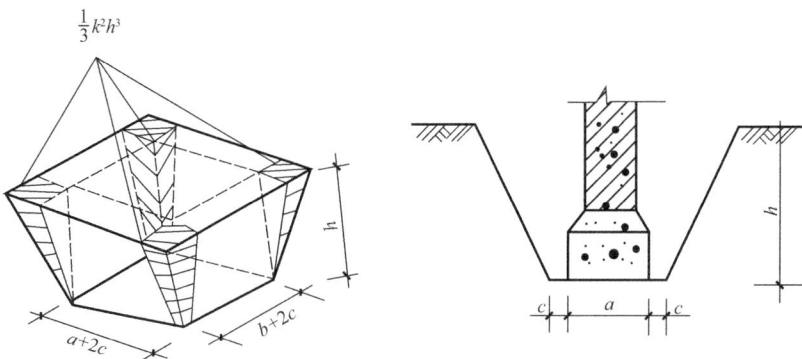

图 1-8　放坡方形或长方形基坑（一）

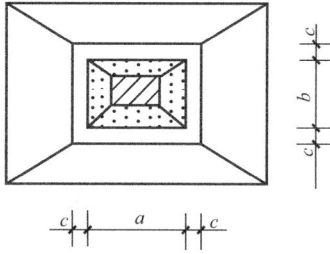

图 1-8 放坡方形或长方形基坑（二）

式中 $\frac{1}{3}k^2h^3$——基坑四角处的锐角锥体的体积；

a——基坑下部长度，m；

b——基坑下部宽度，m。

2）工程量计算规则

基坑挖土体积以"m³"计算，基坑深度按图示坑底面至室外地坪深度计算。

4. 放坡，不支挡土板，留工作面，圆形

放坡，不支挡土板，留工作面，圆形基坑示意图如图 1-9 所示。

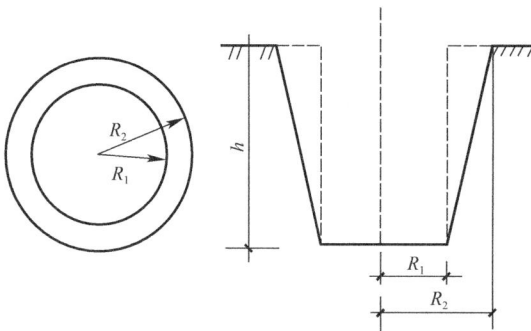

图 1-9 圆形基坑

（1）清单工程量

1）计算公式

$$V = \frac{1}{3}\pi h R_1^2 + \pi R_1^2 h_1 \quad (\text{m}^3)$$

式中 $R_1 = R + C$——基坑底挖土半径，m；

C——基坑工作面加宽值，m；

h_1——垫层厚度，m。

2）工程量计算规则

原地面线以下按构筑物最大水平投影面积乘以挖土深度（原地面平均标高至坑、槽底平均标高的高度）以体积计算。

（2）定额工程量

1）计算公式

$$V = \frac{1}{3}\pi h (R_1^2 + R_1 R_2 + R_2^2) + \pi R_1^2 h_1 \quad (\text{m}^3)$$

式中 $R_2 = R_1 + kh$——基坑上口挖土半径，m。

h_1——垫层厚度，m。

2）工程量计算规则

基坑挖土体积以"m³"计算，基坑深度按图示坑底面至室外地坪深度计算。

计算基坑工程量放坡时，放坡系数按全国统一建筑工程预算工程量计算原则计算，基坑中土壤类别不同时，分别按其放坡起点、放坡系数，依不同土壤厚度加权平均计算；计算放坡时，在交接处的重复工程量不予扣除，原槽、坑依基础垫层时，放坡自垫层上表面开始计算。

5. 不放坡，不支挡土板，不留工作面，圆形

（1）计算公式

$$V = h\pi R_1^2 \quad (\text{m}^3)$$

式中　V——挖基坑工程量，m^3；

　　　R_1——基坑挖土半径，m。

（2）工程量计算规则

1）清单工程量计算规则

原地面线以下按构筑物最大水平投影面积乘以挖土深度（原地面平均标高至坑、槽底平均标高的高度）以体积计算。

2）定额工程量计算规则

基坑挖土体积以"m^3"计算，基坑深度按图示坑底面至室外地坪深度计算。

6. 不放坡，支挡土板，留工作面，矩形

不放坡，支挡土板，留工作面，矩形基坑示意图如图1-10所示。

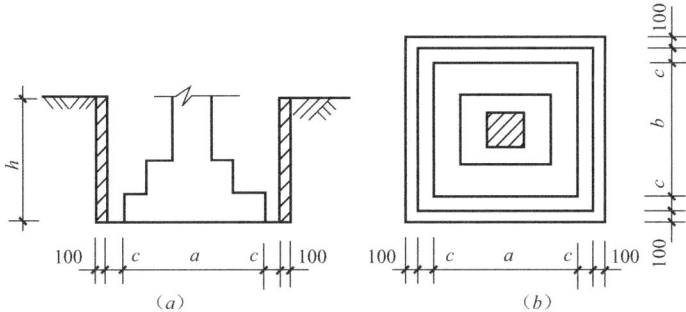

图1-10　正方形或长方形支挡土板的基坑

（1）计算公式

$$V = (a + 2c + 0.2)(b + 2c + 0.2) \times h \quad (\text{m}^3)$$

（2）工程量计算规则

1）清单工程量计算规则

原地面线以下按构筑物最大水平投影面积乘以挖土深度（原地面平均标高至坑、槽底平均标高的高度）以体积计算。

2）定额工程量计算规则

基坑挖土体积以"m^3"计算，基坑深度按图示坑底面至室外地坪深度计算。

1.1.4　管道沟槽工程量

1. 挖管道沟槽（不放坡）

（1）计算公式

$$V = \text{开挖长度} \times \text{沟底宽度} \times \text{沟槽深度} \quad (\text{m}^3)$$

（2）工程量计算规则

挖管道沟槽适用于地下给水排水管道、通信电线电缆等的挖土工程，其土方量按体积以立方米（m^3）计算。

沟槽开挖长度按图示中心线长度计算；沟底宽度，设计有规定的，按设计规定尺寸计算，设计无规定的，可按表1-3的规定宽度计算。

管道沟槽沟底宽度计算表（单位：m） 表1-3

管径（mm）	铸铁管、钢管、石棉水泥管	混凝土、钢筋混凝土、预应力混凝土管	陶土管
50～70	0.60	0.80	0.70
100～200	0.70	0.90	0.80
250～350	0.80	1.00	0.90
400～450	1.00	1.30	1.10
500～600	1.30	1.50	1.40
700～800	1.60	1.80	—
900～1000	1.80	2.00	—
1100～1200	2.00	2.30	—
1300～1400	2.20	2.60	—

注：按上表计算管道沟土方工程量时，各种井类及管道（不含铸铁给水排水管）接口等处需加宽增加的土方量不另行计算，底面积大于20m²的井类，其增加工程量并入管沟土方内计算。

铺设铸铁给水排水管道时其接口等处土方增加量，可按铸铁给排水管道地沟土方总量的2.5%计算。

在计算管道沟槽土方工程量时，各种井类（如窨井、检查井等）及管道（不含铸铁给排水管）接口等处，需加宽沟槽而增加的土方工程量，不另行计算；若井类的底面积大于20m²的，其增加的工程量并入管沟土方的计算。铺设铸铁给排水管道时，其接口等处的土方增加量，可按铸铁给排水管道沟槽土方总量的2.5%计算管道沟槽的深度，按图示沟底至室外地坪的深度计算。

2. 管道沟槽回填土

（1）计算公式

$$管道沟槽回填土体积 = 挖土体积 - 管径所占体积 \quad （m^3）$$

式中　管径——在500mm以下的管道所占体积不予扣除；管径超过500mm以上（>500mm）时，按表1-4规定扣除管道所占体积。

每米管道应扣除土方体积表（m³） 表1-4

管道名称	管道直径（mm）					
	501～600	601～800	801～1000	1101～1200	1201～1400	1401～1600
钢管	0.21	0.44	0.71	—	—	—
铸铁管	0.24	0.49	0.77	—	—	—
混凝土管	0.33	0.60	0.92	1.15	1.35	1.55

（2）工程量计算规则及说明

按设计图示尺寸以体积计算。

按挖方清单项目工程量减基础、构筑物埋入体积加原地面线至设计要求标高间的体积计算。

3. 沟槽、基坑回填土

（1）计算公式

$$沟槽(坑)回填土体积 = 槽坑挖土体积 - 设计室外地坪以下埋设的砌筑体积 \quad （m^3）$$

式中　埋设的砌筑体积——包括基础垫层、墙基、柱基、杯形基础、基础梁、管道基础及室内地沟的体积等。

（2）工程量计算规则及说明

按设计图示尺寸以体积计算。

按挖方清单项目工程量减基础、构筑物埋入体积加原地面线至设计要求标高间的体积计算。

在基础完工后，需将基础周围的槽（坑）部分回填至室外地坪标高。沟槽，基坑的回填体积为挖方体积减去设计室外地坪以下埋设的砌筑物（包括基础垫层，基础等）体积。

1.1.5　其他项目工程量

1. 竖井挖土方

（1）计算公式

$$V = S \times H \quad (\text{m}^3)$$

式中　V——竖井挖土方工程量，m^3；

S——竖井断面面积，m^2；

H——竖井长度，m。

（2）工程量计算规则

按设计图示尺寸以体积计算。

2. 平整场地

（1）计算公式

1）简单图形（矩形）：

$$S_1 = 长 \times 宽 \quad (\text{m}^2)$$

2）复杂图形：

$$S_平 = S_底 + 2L_外 + 16 \quad (\text{m}^2)$$

式中　$S_底$——底层建筑面积（基本数据），m^2；

$L_外$——外墙外边线周长（基本数据），m；

16——四个角的面积：$2 \times 2 \times 4$ 个＝16，m^2。

（2）工程量计算规则

平整场地是指建筑物或构筑物场地厚度在±30cm以内的场地挖填土及找平工作。

平整场地工程量按建筑物外墙外边线每边各增加2m范围的面积。

3. 余土或取土

（1）计算公式

$$余（取）土体积 = 挖土总体积 - 回填土总体积 \quad (\text{m}^3)$$

公式的计算结果为正数时，表示为余土外运体积；如为负数，则表示为取土内运体积。

（2）工程量计算规则

按挖方项目清单工程量减利用回填方体积（正数）计算。

余土是指土方工程在经过挖土、砌筑基础及各种回填土之后，尚有剩余的土方，需要运出场外；取土是指在回填土时，原来挖出的土不够回填所需，或者挖出土的土质不好需

9

要换土回填，这些要由场外运入的土方量称取土。

运土工程按天然密实体积以"m^3"计算。

人工土方运输距离，按单位工程施工中心点至卸土或取土场地中心点的距离计算。

1.2 土石方工程工程量手算参考公式

1.2.1 土石方开挖工程量计算常用公式

1. 挖沟槽土石方工程量计算

外墙沟槽：

$$V_挖 = S_断 L_{外中} \quad (m^3)$$

内墙沟槽：

$$V_挖 = S_断 L_{基底净长} \quad (m^3)$$

管道沟槽：

$$V_挖 = S_断 L_中 \quad (m^3)$$

其中沟槽断面有如下形式：

（1）钢筋混凝土基础有垫层时

1）两面放坡如图 1-11（a）所示：

$$S_断 = [(b+2\times0.3)+mh]h + (b'+2\times0.1)h' \quad (m^2)$$

2）不放坡无挡土板如图 1-11（b）所示：

$$S_断 = (b+2\times0.3)h + (b'+2\times0.1)h' \quad (m^2)$$

3）不放坡加两面挡土板如图 1-11（c）所示：

$$S_断 = (b+2\times0.3+2\times0.1)h + (b'+2\times0.1)h' \quad (m^2)$$

4）一面放坡一面挡土板如图 1-11（d）所示：

$$S_断 = (b+2\times0.3+0.1+0.5mh)h + (b'+2\times0.1)h' \quad (m^2)$$

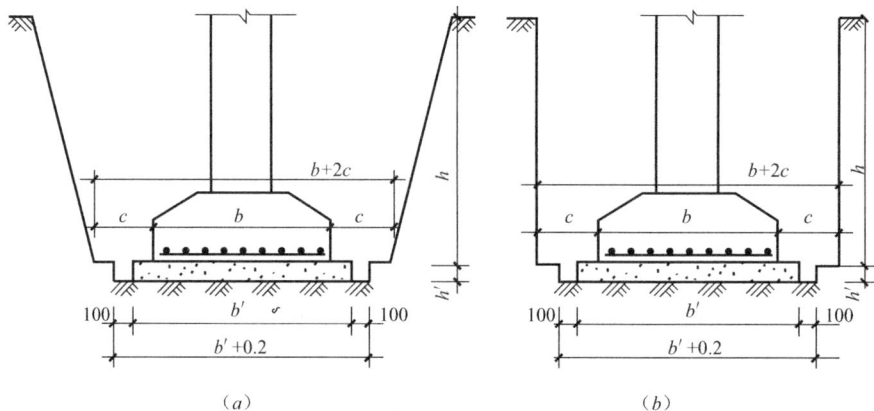

图 1-11 沟槽断面示意图（一）

（a）两面放坡；（b）不放坡无挡土板

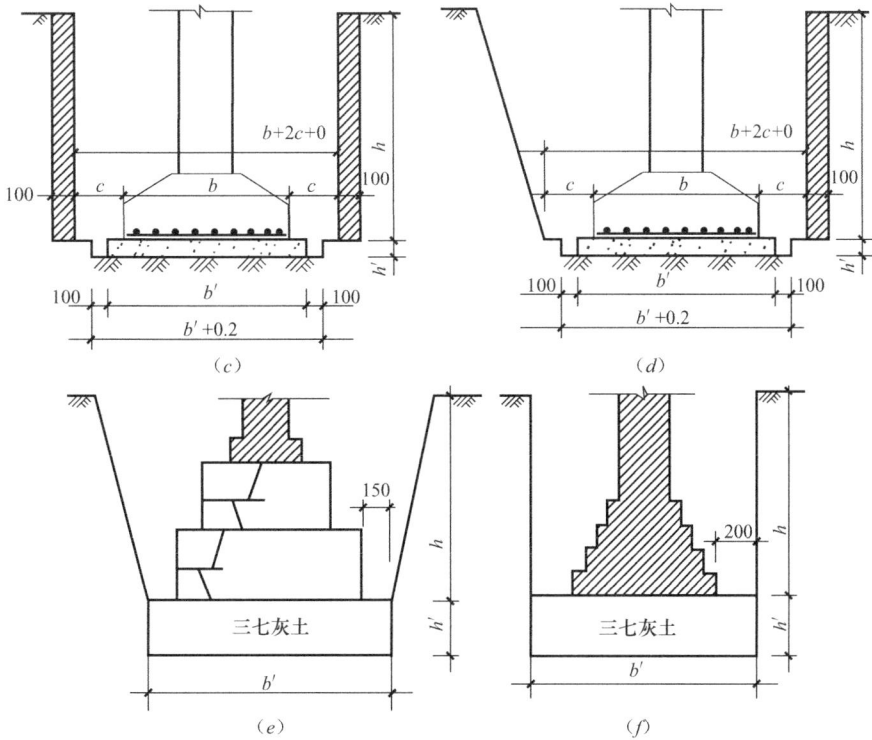

图 1-11 沟槽断面示意图（二）

(c) 不放坡加两面挡土板；(d) 一面放坡一面挡土板；(e) 两面放坡；(f) 不放坡无挡土板

注：(a)～(d) 图为基础有垫层时，(e)、(f) 图为基础有其他垫层时。

（2）基础有其他垫层时

1）两面放坡如图 1-11 (e) 所示：

$$S_{断} = \left[(b' + mh)h + b'h'\right] \quad (\text{m}^2)$$

2）不放坡无挡土板如图 1-11 (f) 所示：

$$S_{断} = b'(h + h') \quad (\text{m}^2)$$

（3）基础无垫层时

1）两面放坡如图 1-12 (a) 所示：

$$S_{断} = \left[(b + 2c) + mh\right]h \quad (\text{m}^2)$$

2）不放坡无挡土板如图 1-12 (b) 所示：

$$S_{断} = (b + 2c)h \quad (\text{m}^2)$$

3）不放坡加两面挡土板如图 1-12 (c) 所示：

$$S_{断} = (b + 2c + 2 \times 0.1)h \quad (\text{m}^2)$$

4）一面放坡一面挡土板如图 1-12 (d) 所示：

$$S_{断} = (b + 2c + 0.1 + 0.5mh)h \quad (\text{m}^2)$$

式中 $S_{断}$——沟槽断面面积，m^2；

m——放坡系数；

c——工作面宽度，m；

h——从室外设计地面至基础底深度，即垫层上基槽开挖深度，m；

h'——基础垫层高度，m；

b——基础底面宽度，m；

b'——垫层宽度，m。

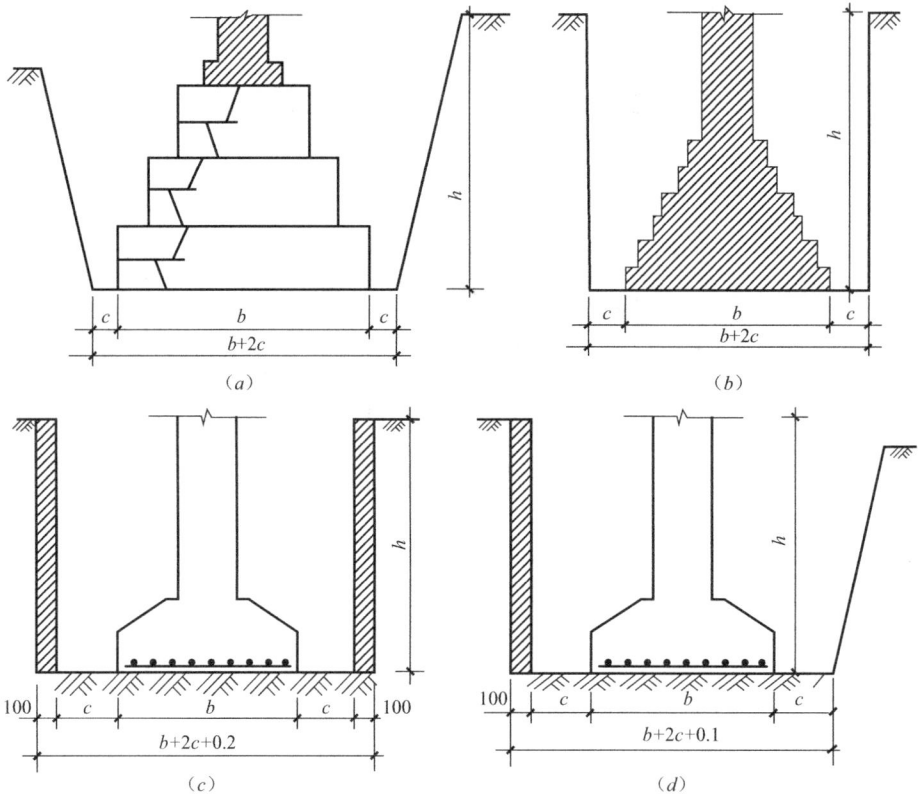

图 1-12　沟槽断面示意图

(a) 两面放坡；(b) 不放坡无挡土板；(c) 不放坡加两面挡土板；(d) 一面放坡一面加挡土板

注：(a)～(d) 图为基础无垫层时。

2. 边坡土方工程量计算

为了保持土体的稳定和施工安全，挖方和填方的周边都应修筑成适当的边坡。边坡的表示方法如图 1-13（a）所示。图中的 m 为边坡底的宽度 b 与边坡高度 h 的比，称为坡度

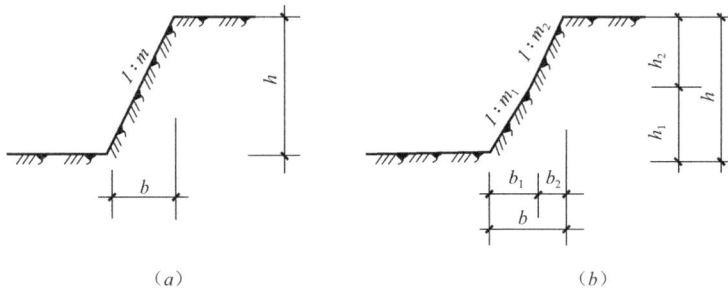

图 1-13　土体边坡表示方法

(a) 直线形边坡坡度表示方法；(b) 折线形边坡坡度表示方法

系数。当边坡高度 h 为已知时，所需边坡底宽 b 即等于 mh（$1：m＝h：b$）。若边坡高度较大，可在满足土体稳定的条件下，根据不同的土层及其所受的压力，将边坡修筑成折线形，如图 1-13（b）所示，以减小土方工程量。

边坡的坡度系数（边坡宽度：边坡高度）根据不同的填挖高度（深度）、土的物理性质和工程的重要性，在设计文件中应有明确的规定。常用的挖方边坡坡度和填方高度限值，见表 1-5 和表 1-6。

水文地质条件良好时永久性土工构筑物挖方的边坡坡度　　　　表 1-5

项　次	挖方性质	边坡坡度
1	在天然湿度、层理均匀，不易膨胀的黏土、粉质黏土、粉土和砂土（不包括细砂、粉砂）内挖方，深度不超过 3m	$1：1～1：1.25$
2	土质同上，深度为 3～12m	$1：1.25～1：1.50$
3	干燥地区内土质结构未经破坏的干燥黄土及类黄土，深度不超过 12m	$1：0.1～1：1.25$
4	在碎石和泥灰岩土内的挖方，深度不超过 12m，根据土的性质、层理特性和挖方深度确定	$1：0.5～1：1.5$

填方边坡为 1：1.5 时的高度限制　　　　表 1-6

项次	土的种类	填方高度（m）	项次	土的种类	填方高度（m）
1	黏土类土、黄土、类黄土	6	4	中砂和粗砂	10
2	粉质黏土、泥灰岩土	6～7	5	砾石和碎石土	10～12
3	粉土	6～8	6	易风化的岩石	12

1.2.2　土石方工程工程量计算参考公式

土石方工程工程量计算参考公式见表 1-7。

土石方工程工程量计算参考公式　　　　表 1-7

项　目	计算公式	备　注
道路、排水工程土石方量	积距法： $$A=(ab+cd+ef+hg+\cdots)\times L$$ $$=\text{积距}\times L$$ 式中　A——断面面积，m^2； 　　　L——横断面所划分的等距宽度，m	先将挖方面积分为若干个宽度 L 相等的三角形或梯形，用二脚规量取各三角形、梯形的平均高度的累计值，将累计值乘以宽度 L，即得本断面的总面积。如图 1-14 所示，先用二脚规量取 ab 长，随即移至 c 点，向上方量距等于 ab 长，固定上方的一脚，将在 c 点的小脚移至 d 点，即得 $ab+cd$ 长，用此法将整个断面量完，最后累计所得长度即为断面之积距，并乘以 L 即为面积
	公式法： $$V=\frac{1}{2}(F_1+F_2)L$$ 式中　V——相邻两断面间的土方量，m^3； 　　　F_1、F_2——相邻两断面的挖方、填方截面积，m^2； 　　　L——相邻两断面间的间距，m	具体计算步骤为： （1）划横断面：根据地形图（或直接测量）及竖向布置图，将要计算的场地划分横断面 A-A'、B-B'、C-C'……。划分原则为垂直于等高线，或垂直于主要建筑物边长。横断面之间的间距可不等，地形变化复杂的间距宜小，反之宜大些，但最大不大于 100m。 （2）画断面图形：按比例画制每个横断面的自然地面和设计地面的轮廓线。设计地面轮廓线与自然地面轮廓线之间的部分即为填方和挖方的断面。 （3）计算横断面面积：按表 1-8 中的面积计算公式，计算每个断面的填方或挖方断面积。 （4）计算土方量。 （5）汇总：按土方量汇总表

项　目	计算公式	备　注
广场及大面积场地平整或挖填方	大面积挖填方一般采用方格网法计算，根据地形起伏情况或精度要求，可选择适当的方格网，有 5m×5m、10m×10m、20m×20m、50m×50m、100m×100m 的方格。 土石方工程量的计算公式可参照表 1-9 进行	（1）根据需要平整区域的地形图（或直接测量地形）划分方格网。方格的大小视地形变化的复杂程度及计算要求的精度不同而不同，一般方格的大小为 20m×20m（也可 10m×10m）。各个角点的标高汇总再平均，方格一般划分成正方形。 　　然后，按设计（总图或竖向布置图）在方格网上套划出方格角点的设计标高（即施工后需达到的高度）和自然标高（原地形高度）。设计标高与自然标高之差即为施工高度，"－"表示挖方，"＋"表示填方。 　　（2）当方格内相邻两角一为填方、一为挖方时，则应按比例分配计算出两角之间不挖不填的"零"点位置，并标于方格边上。再将各"零"点用直线连起来，就可将建筑场地划分为填、挖方区。 　　（3）如遇陡坡等突然变化起伏地段，由于高低悬殊，采用本方法也难准确计算时，可视具体情况另行补充计算。 　　（4）土方体积的计算，均以挖掘前的天然密实体积计算。 　　（5）回填土按夯填或松填分别以"m³"计算。 　　（6）将挖方区、填方区所有方格计算出的工程量列表汇总，即得该建筑场地的土石方挖、填方工程总量
结构工程土石方的计算	地槽： $$V=(B+KH+2C)\times H\times L$$ 有湿土时： $$V_{湿}=(B+KH_{浸}+2C)\times H_{凝}\times L$$ $$V_{干}=V-V_{湿}$$ 式中　V——挖土体积，m^3； 　　　　$V_{干}$——挖干土体积，m^3； 　　　　$V_{湿}$——挖湿土体积，m^3； 　　　　B——槽坑底宽度，m； 　　　　L——槽坑长度，m； 　　　　K——放坡系数； 　　　　C——工作面宽度，m； 　　　　H——槽坑深度，m； 　　　　$H_{浸}$——槽坑湿土深度，m	结构工程：如泵站、水厂、桥涵、地下通管、防洪堤等工程挖土方时，应有较完整的地质资料。 　　深度、放坡系数、底部尺寸按设计图纸注明尺寸和要求开挖，如果设计图纸未明确，按经设计单位、建设单位（甲方）审定后的施工组织设计计算。因施工方案不同，土方的工程量及工作量也有较大差异
	地坑： $$V_{方}=(B+KH+2C)\times(L+KH+2C)$$ $$\times H+\frac{K^2H^2}{3}$$ $$V_{圆}=\frac{\pi H}{3}\big[(R+C)^2+(R+C)$$ $$\times(R+C+KH)+(R+C+KH)^2\big]$$ 式中　$V_{方}$、$V_{圆}$——挖土体积，m^3； 　　　　B——槽坑底宽度，m； 　　　　R——坑底半径，m； 　　　　L——槽坑长度，m； 　　　　K——放坡系数； 　　　　C——工作面宽度，m； 　　　　H——槽坑深度，m	结构工程：如泵站、水厂、桥涵、地下通管、防洪堤等工程挖土方时，应有较完整的地质资料。 　　深度、放坡系数、底部尺寸按设计图纸注明尺寸和要求开挖，如果设计图纸未明确，按经设计单位、建设单位（甲方）审定后的施工组织设计计算。因施工方案不同，土方的工程量及工作量也有较大差异

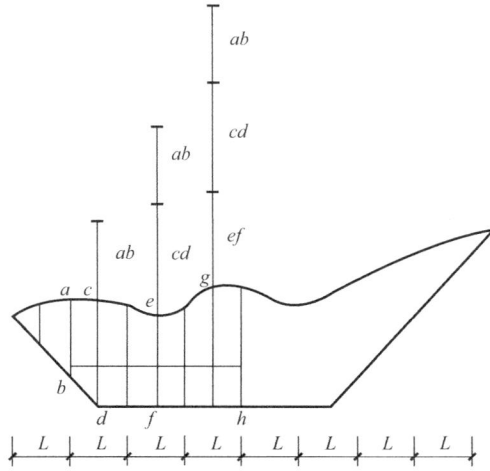

图 1-14 积距法

常用断面计算公式   表 1-8

图　示	面积计算公式
	$F = h(b + nh)$
	$F = h\left[b + \dfrac{b(m+n)}{2}\right]$
	$F = b\dfrac{h_1 + h_2}{2} + nh_1h_2$
	$F = h_1\dfrac{a_1 + a_2}{2} + h_2\dfrac{a_2 + a_3}{2} + h_3\dfrac{a_3 + a_4}{2} + h_4\dfrac{a_4 + a_5}{2}$
	$F = \dfrac{a}{2}(h_0 + 2h + h_n)h$ $= h_1 + h_2 + h_3 + h_4 + h_5 + h_6$

表 1-9

序号	项　目	计算公式	图　示
1	零点线计算	$$b_1 = \frac{ah_1}{h_1 + h}$$ $$c_1 = \frac{ah_2}{h_2 + h_4}$$ $$b_2 = \frac{ah_4}{h_4 + h_2} = a - c_1$$ $$c_2 = \frac{ah_3}{h_3 + h} = a - b_1$$ 式中　　a——一个方格的边长，m，下同； b_1、b_2、c_1、c_2——零点到一角的边长，m，下同； h_1、h_2、h_3、h_4——四角点的施工高度，m，用绝对值代入	
2	一点填方或挖方（三角形）的土方工程量	$$V = \frac{1}{2}bc \frac{\sum h}{3} = \frac{bc \sum h}{6}$$ 当 $b = c = a$ 时：$$V = \frac{a^2 \sum h}{6}$$ 式中　$\sum h$——三角形范围内的 h 值之和，填方或挖方角点施工高度的总和，m； V——挖、填方体积，m³，下同	
3	三点填方或挖方（五边形）的土方工程量	$$V = \left(a^2 - \frac{bc}{2}\right) \frac{\sum h}{5}$$ 式中　$\sum h$——五边形范围内的 h 值之和，即填方或挖方角点施工高度的总和，m	
4	二点填方或挖方（梯形）的土方工程量	$$V = \frac{b+c}{2}a \frac{\sum h}{4}$$ $$= \frac{(b+c)a \sum h}{8}$$ 式中　$\sum h$——梯形范围内的 h 值之和，即填方或挖方角点施工高度的总和，m	
5	四点填方或挖方（正方形）的土方工程量	$$V = \frac{a^2}{4} \sum h$$ $$= \frac{a^2}{4}(h_1 + h_2 + h_3 + h_4)$$ 式中　$\sum h$——填方或挖方角点施工高度的总和，m	

1.3　土石方工程工程量手算实例解析

【例1-1】　某场地方格网如图1-15所示，方格边长 $a=40\text{m}$。施工高程计算参考图如图1-16所示。试计算该场地的土方工程量（三类土，填方密实度为95%，余土运至4km处弃置）。

	设计标高			
	(17.80)	(17.24)	(16.78)	(16.02)
	1　17.80　　2	17.02　　3	16.52　　4	15.37
	原地面标高			
	Ⅰ	Ⅱ	Ⅲ	a=50m
	(18.02)	(17.90)	(17.28)	(17.02)
	5　18.54　　6	18.06	17.28	16.35
	Ⅳ	Ⅴ	Ⅵ	
	(18.37)	(18.21)	(17.64)	(17.05)
	9　18.96	19.01	18.52	17.69

图 1-15　场地方格网坐标图

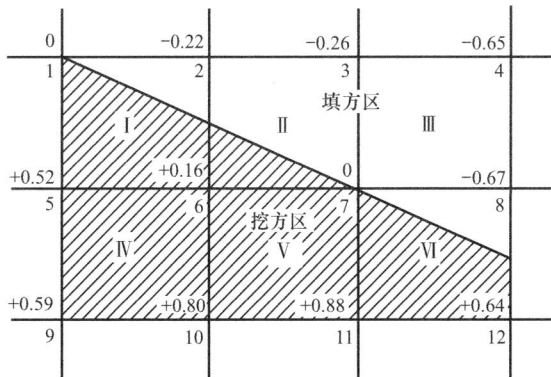

图 1-16　施工高程计算图

【解】

清单工程量

1）计算施工高程

$$\text{施工高程} = \text{地面实测标高} - \text{设计标高}$$

2）确定零线。计算零点边长

$$X = \frac{a h_1}{h_1 + h_2}$$

方格Ⅵ中：$h_1 = -0.67\text{m}$　$h_2 = 0.64\text{m}$　$a=50\text{m}$

代入公式 $x = \dfrac{50 \times 0.67}{0.67 + 0.64} = 25.57\mathrm{m}$

$$a - x = 50 - 25.57$$
$$= 24.43\mathrm{m}$$

方格 Ⅰ 中：$h_1 = -0.22\mathrm{m}$　$h_2 = 0.16\mathrm{m}$　$a = 50\mathrm{m}$

代入公式 $x = \dfrac{50 \times 0.22}{0.22 + 0.16} = 28.95\mathrm{m}$

$$a - x = 50 - 28.95$$
$$= 21.05\mathrm{m}$$

3）计算土方量。

方格 Ⅰ、Ⅱ 底面为两个三角形：

① 三角形 137：

$$V_填 = \frac{1}{6} \times 0.26 \times 50 \times 100$$
$$= 216.67\mathrm{m}^3$$

② 三角形 157：

$$V_挖 = \frac{1}{6} \times 0.52 \times 50 \times 100$$
$$= 433.33\mathrm{m}^3$$

方格 Ⅲ、Ⅳ、Ⅴ 底面为正方形公式：

$$V = \frac{a^2}{4}(h_1 + h_2 + h_3 + h_4) = \frac{a^2}{4}\sum h$$

① Ⅲ：

$$V_填 = \frac{50^2}{4} \times (0.26 + 0.65 + 0.67)$$
$$= 987.5\mathrm{m}^3$$

② Ⅳ：

$$V_挖 = \frac{50^2}{4} \times (0.52 + 0.16 + 0.59 + 0.8)$$
$$= 1293.75\mathrm{m}^3$$

③ Ⅴ：

$$V_挖 = \frac{50^2}{4} \times (0.16 + 0.8 + 0.88)$$
$$= 1150\mathrm{m}^3$$

方格 Ⅵ 底面为一个三角形和一个梯形：

① 三角形：

$$V_填 = \frac{1}{6} \times 0.67 \times 50 \times 25.57$$
$$= 142.77\mathrm{m}^3$$

② 梯形：

$$V_挖 = \frac{1}{8} \times (50 + 24.43) \times 50 \times (0.64 + 0.88)$$

$$= 707.09\text{m}^3$$

4）全部挖方量：

$$\sum V_{挖} = 433.33 + 1293.75 + 1150 + 707.09$$

$$= 3584.17\text{m}^3$$

全部填方量：

$$\sum V_{填} = 216.67 + 987.5 + 142.77$$

$$= 1346.94\text{m}^3$$

余土弃运：

$$V = 3584.17 - 1346.94$$

$$= 2237.23\text{m}^3$$

【例 1-2】 如图 1-17 所示为某构筑物混凝土基础，基础垫层为无筋混凝土，长宽方向的外边线尺寸为 7.2m 和 6.5m，基础垫层厚度为 200mm，垫层顶面标高为 -4.55m，地下常水位置高为 -3.5m，室外地面标高为 -0.65m，人工挖土，地该处土壤类别为三类土（放坡系数 $k = 0.33$），试计算挖土方工程量。

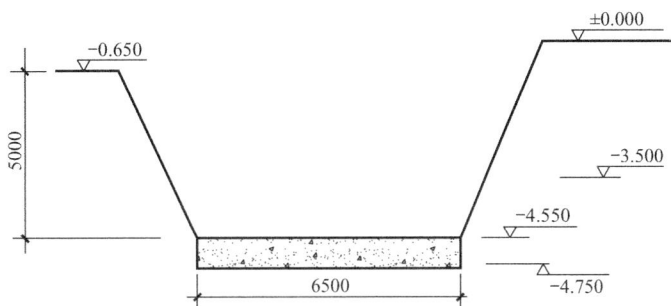

图 1-17 筏形基础基坑（单位：m）

【解】

（1）清单工程量

$$V = 7.2 \times 6.5 \times 5$$

$$= 234\text{m}^3$$

（2）定额工程量

由图 1-17 可知，筏形基础埋至地下常水位以下，坑内有干、湿土，应该分别计算：

1）挖干湿土总量

设垫层部分的土方量为 V_1，垫层以上的土方量为 V_2，总土方量为 V_0，则：

$$V_0 = V_1 + V_2$$

$$= a \times b \times 0.2 + (a + kh)(b + kh) \times h + \frac{1}{3}k^2h^3$$

$$= 7.2 \times 6.5 \times 0.2 + (7.2 + 0.33 \times 5) \times (6.5 + 0.33 \times 5) \times 5 + \frac{1}{3} \times 0.33^2 \times 5^3$$

$$= 9.36 + 8.85 \times 8.15 \times 5 + 4.54$$

$$= 374.54\text{m}^3$$

2）挖湿土量

如图所示，放坡部分挖湿土深度为 1.05m，则 $\frac{1}{3}k^2h^3=0.042$，设湿土量为 V_3，则：

$$
\begin{aligned}
V_3 &= V_1 + V_湿 \\
&= 9.36 + (7.2 + 0.33 \times 1.05) \times (6.5 + 0.33 \times 1.05) \times 1.05 + 0.042 \\
&= 9.36 + 7.55 \times 6.85 \times 1.05 + 0.042 \\
&= 63.71 m^3
\end{aligned}
$$

3）挖干土量 V_4

$$
\begin{aligned}
V_4 &= V_0 - V_3 \\
&= 374.54 - 63.71 \\
&= 310.83 m^3
\end{aligned}
$$

【例 1-3】 某圆形基坑为混凝土基础，挖土深度为 5.6m，基础底部垫层半径为 5m，垫层厚度为 0.3m，自垫层上表面放坡，工作面每边各增加 0.5m，人工挖土（放坡系数 $k=0.33$），场地土质为三类土。试计算该圆形基坑挖土工程量。

【解】

（1）清单工程量

圆形基坑，工程量计算公式如下：

$$
V = \frac{1}{3}\pi h(R_1^2 + R_1 R_2 + R_2^2) + \pi R_1^2 h_1
$$

式中 $R_1 = R + C$——基坑底挖土半径，m；

$R_2 = R_1 + kh$——基坑上口挖土半径，m；

C——基坑工作面加宽值，m；

h_1——垫层厚度，m。

由此可得：

$$
R_1 = R + C = 5 + 0.5 = 5.5 m
$$

$$
R_2 = R_1 + kh = 5.5 + 0.33 \times 5.6 = 7.35 m
$$

则圆形基坑挖方量为：

$$
\begin{aligned}
V &= \frac{1}{3}\pi h(R_1^2 + R_1 R_2 + R_2^2) + \pi R^2 h_1 \\
&= \frac{1}{3} \times 3.14 \times 5.6 \times (5.5^2 + 5.5 \times 7.35 + 7.35^2) + 3.14 \times 5^2 \times 0.3 \\
&= \frac{1}{3} \times 17.58 \times 124.70 + 23.55 \\
&= 754.29 m^3
\end{aligned}
$$

（2）定额工程量

定额工程量同清单工程量。

【例 1-4】 已知某沟槽挖土工程断面图如图 1-18 所示，其垫层为无筋混凝土，其槽长为 150m，人工挖土，土质为四类土，则查得放坡系数 $k=0.25$。试计算该沟槽定额挖土工程量。

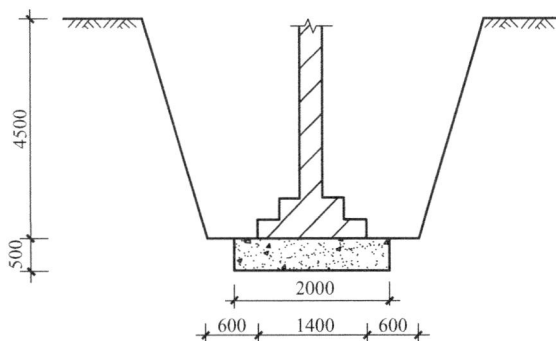

图 1-18 某沟槽挖土工程断面图

【解】

（1）沟槽下表面横截面宽度

$$a = 1.4 + 2 \times 0.6 = 2.8\text{m}$$

（2）沟槽上表面横截面宽度

$$b = 2.8 + 2 \times 0.25 \times 4.5 = 5.05\text{m}$$

（3）沟槽挖土工程量

$$V = \left[\frac{1}{2} \times (2.8 + 5.05) \times 4.5 + 2 \times 0.5 \right] \times 150$$

$$= [17.66 + 1] \times 150$$

$$= 2799\text{m}^3$$

【例 1-5】 图 1-19 为某市政工程挖土石方断面图，在 $A\text{-}A'$ 中，设桩号 0+0.00 的填方横断面积为 3.56m^2，挖方横断面积为 8.89m^2，在 $B\text{-}B'$ 中，桩号 0+0.30 的填方横断面积为 2.47m^2，挖方横断面积为 15.35m^2，试计算该标段的挖土石方工程量。

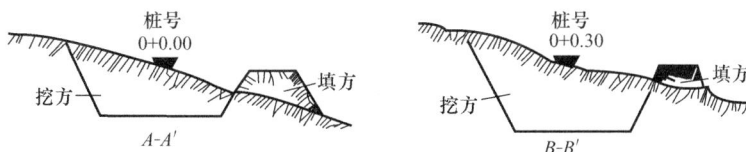

图 1-19 土石方断面图

【解】

（1）挖土石方工程量

$$V_{挖方} = \frac{1}{2} \times (8.89 + 15.35) \times 30$$

$$= 363.60\text{m}^3$$

（2）填土石方工程量

$$V_{填方} = \frac{1}{2} \times (2.47 + 3.56) \times 30$$

$$= 90.45\text{m}^3$$

土方量汇总表见表 1-10。

断　面	填方面积（m²）	挖方面积（m²）	截面间距（m）	填方体积（m³）	挖方体积（m³）
A-A'	3.56	8.89	30	53.40	133.35
B-B'	2.47	15.35	30	37.05	230.25
合计				90.45	363.60

【例 1-6】 如图 1-20 所示为某管道沟槽断面示意图，管道总长度为 152m，混凝土管管径为 1100mm，施工场地上层 1.1m 为四类土，下层为普通岩石地质，利用人工开挖。求该管道沟槽的挖土石方工程量及回填土工程量。

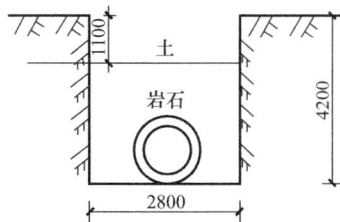
图 1-20　某管道沟槽断面图

【解】

（1）清单工程量

1）挖土方工程量

$$V_1 = 2.8 \times 1.1 \times 152$$
$$= 468.16 \text{m}^3$$

2）挖石方工程量

$$V_2 = 2.8 \times (4.2 - 1.1) \times 152$$
$$= 1319.36 \text{m}^3$$

则挖土石方总量为

$$V = V_1 + V_2$$
$$= 468.16 + 1319.36$$
$$= 1787.52 \text{m}^3$$

3）填土工程量：

查表 1-4（管道应扣除土方体积表）得 DN1100 混凝土管应扣除土方体积为每米 1.15m³。

则回填土工程量：

$$V' = 1787.52 - 1.15 \times 152$$
$$= 1612.72 \text{m}^3$$

（2）定额工程量

1）挖土方工程量

$$V_1 = 468.16 \times 1.075$$
$$= 503.27 \text{m}^3$$

2）挖石方工程量

根据规定，普通岩石的允许超挖厚度为 0.20m，则

$$V_2 = (2.8 + 0.20 \times 2) \times (4.2 - 1.1) \times 152$$
$$= 1507.84 \text{m}^3$$

则挖土石方工程总量为：

$$V = 503.27 + 1507.84$$
$$= 2011.11 \text{m}^3$$

3）填土工程量

$$V' = 2011.11 - 1.15 \times 152$$

$$= 1836.31\text{m}^3$$

【例1-7】 如图1-21所示为某市政城郊工程中梯形沟槽断面示意图，采用机械挖土，挖土深度为4m，管径为1100mm，排管长度为520m。求该工程中的土石方工程部分的工程量（填土密实度95%）。

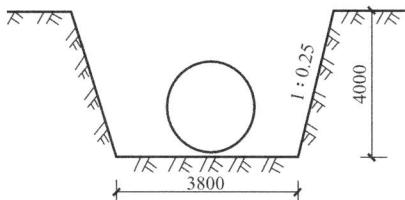

图1-21 沟槽断面图（单位：mm）

【解】

（1）清单工程量

1）挖沟槽土方：

$$V_1 = 3.8 \times 520 \times 4$$
$$= 7904.00\text{m}^3$$

2）回填方

$$V_3 = 7904.00 - 3.14 \times 0.55^2 \times 520$$
$$= 7904.00 - 493.92$$
$$= 7410.08\text{m}^3$$

（2）定额工程量

1）梯形沟槽挖土体积：

$$V_1 = L \times (b + H \times f) \times H \times 1.025$$
$$= 520 \times (3.8 + 4 \times 0.25) \times 4 \times 1.025$$
$$= 10233.60\text{m}^3$$

2）梯形沟槽湿土排水体积：

$$V_2 = L \times [b + (H - h) \times f] \times (H - h) \times 1.025$$
$$= 520 \times [3.8 + (4 - 1.1) \times 0.25] \times (4 - 1.1) \times 1.025$$
$$= 6994.29\text{m}^3$$

3）回填土工程量：

$$V_3 = 10233.6 - 3.14 \times 0.55^2 \times 520$$
$$= 9739.68\text{m}^3$$

【例1-8】 有一挖好的总长为100m的雨水管道沟槽，宽度为3.4m，深度为4.2m，截面为矩形，且无检查井。若此工程槽内铺设ϕ1200钢筋混凝土平口管，且管壁厚0.12m，管下混凝土基座为0.532m³/m，基座下碎石垫层为0.334m³/m，采用机械回填，10t压路机碾压。试求此沟槽填土压实工程量（密实度为97%）。

【解】

（1）挖沟槽工程量

$$V_{沟槽} = 100 \times 3.4 \times 4.2$$
$$= 1428.00\text{m}^3$$

（2）混凝土基座工程量

$$V_{基座} = 0.532 \times 100$$
$$= 53.20\text{m}^3$$

（3）碎石垫层工程量

$$V_{垫层} = 0.334 \times 100$$

$$= 33.40 m^3$$

（4）管子外形工程量

$$V_{管子} = 3.14 \times \frac{(1.2 + 0.12 \times 2)^2}{4} \times 100$$

$$= 162.78 m^3$$

（5）填土压实土方量

$$V_{压实} = V_{沟槽} - V_{基座} - V_{垫层} - V_{管子}$$

$$= 1428.00 - 53.20 - 33.40 - 162.78$$

$$= 1178.62 m^3$$

【例1-9】 开挖的某建筑物沟槽如图1-22所示，挖深1.85m，土质为普通岩石，计算其地槽开挖的清单工程量。

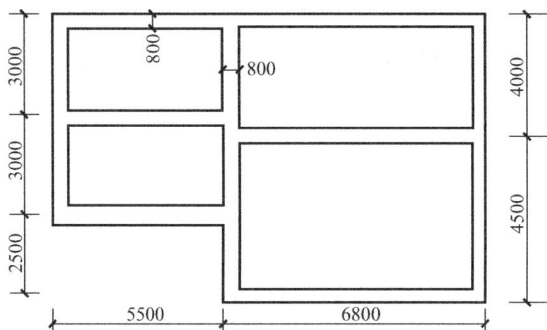

图1-22 某建筑沟槽示意图

【解】

（1）外墙地槽中心线长

$$L_{外} = 2 \times (5.5 + 6.8) + 4.5 + 4 + 3 \times 2 + 2.5$$

$$= 41.60 m$$

（2）内墙地槽净长

$$L_{内} = (5.5 - 0.8) + (6.8 - 0.8) + (3 + 3 - 0.8)$$

$$= 15.90 m$$

（3）地槽总长度

$$L_{外} = L_{外} + L_{内}$$

$$= 41.60 + 15.90$$

$$= 57.50 m$$

（4）地槽开挖工程量

$$V_{挖} = 0.8 \times 57.50 \times 1.85$$

$$= 85.10 m^3$$

【例1-10】 某排水工程，采用钢筋混凝土承插管，管径为$\phi 600$。管道长度为100m，土方开挖深度平均为3m，回填至原地面标高，余土外运。土方类别为三类土，采用人工开挖及回填，回填压实率为95%（图1-23）。试根据以下要求计算挖沟槽土方、回填土及余方弃置工程量。

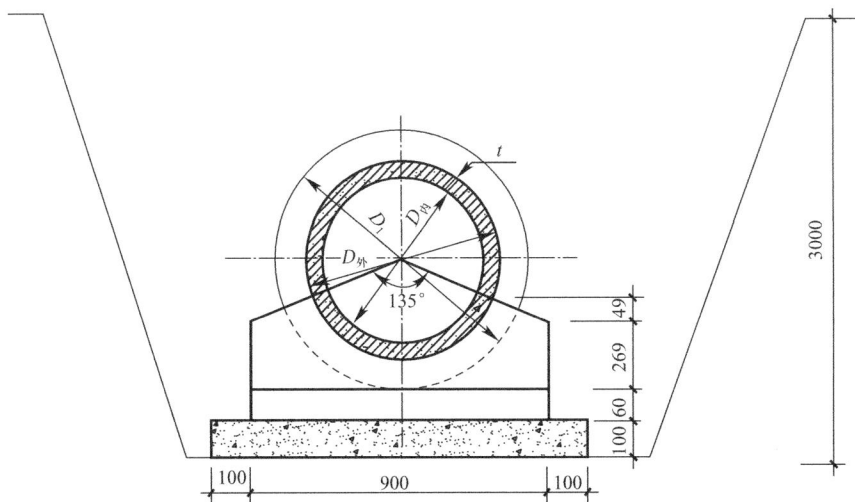

图 1-23 实例工程图

（1）沟槽土方因工作面和放坡增加的工程量，并入清单土方工程量中；

（2）暂不考虑检查井等所增加土方的因素；

（3）混凝土管道外径为 ϕ720，管道基础（不合垫层）每米混凝土工程量为 0.227m³。

【解】

（1）挖沟槽土方

$$V_{挖} = (0.9 + 0.5 \times 2 + 0.33 \times 3) \times 3 \times 100$$
$$= 867 m^3$$

（2）回填方

$$V_{回} = 867 - 74.42$$
$$= 792.58 m^3$$

（3）余方弃置

$$V_{弃} = (1.1 \times 0.1 + 0.227 + 3.1416 \times 0.36 \times 0.36) \times 100$$
$$= 74.42 m^3$$

【例 1-11】 某工程如下：

（1）设计说明：

1）某工程±0.000 以下基础工程施工图如图 1-24 所示，室内外标高差为 450mm。

2）基础垫层为非原槽浇注，垫层支模，混凝土强度等级为 C10，地圈梁混凝土强度等级为 C20。

3）砖基础，使用普通页岩标准砖，M5 水泥砂浆砌筑。

4）独立柱基及柱为 C20 混凝土。

5）本工程建设方已完成三通一平。

6）混凝土及砂浆材料为：中砂、砾石、细砂均现场搅拌。

（2）施工方案：

1）本基础工程土方为人工开挖，非桩基工程，不考虑开挖时排地表水及基底钎探，不考虑支挡土板施工，工作面为 300mm，放坡系数为 1：0.33。

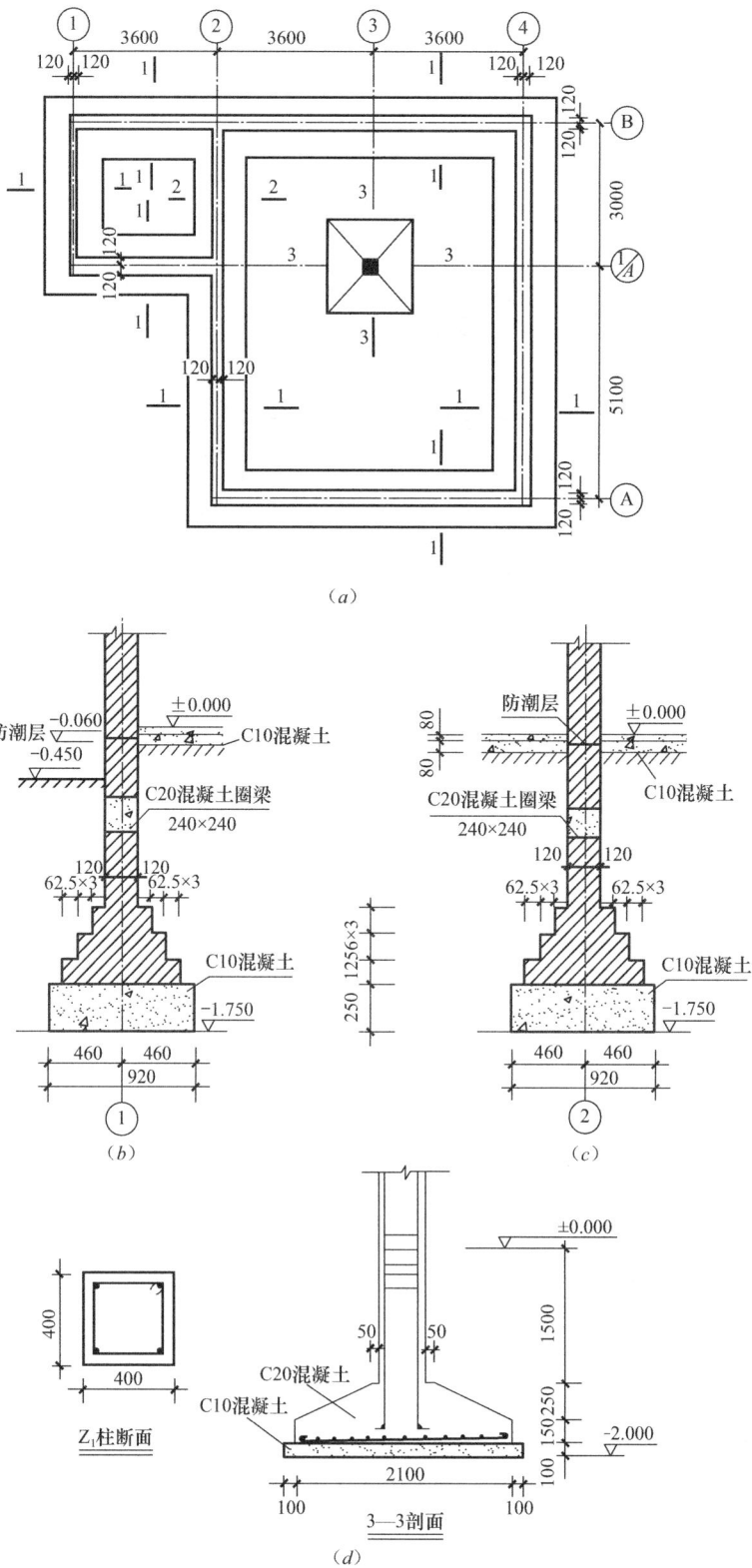

（a）

（b）　　　　　　　　　　　　　　（c）

（d）

图 1-24　某工程±0.000 以下基础工程施工图

（a）平面图；（b）1—1 剖面图；（c）2—2 剖面图；（d）柱断面、基础剖面图

2）开挖基础土，其中一部分土壤考虑按挖方量的 60% 进行现场运输、堆放，采用人力车运输，距离为 40m，另一部分土壤在基坑边 5m 内堆放。平整场地弃、取土运距为 5m。弃土外运 5km，回填为夯填。

3）土壤类别三类土，均属天然密实土，现场内土壤堆放时间为三个月。

试列出该 ±0.000 以下基础工程的平整场地、挖地槽、地坑、弃土外运、土方回填等项目工程量。

【解】

按某省规定，挖沟槽、基坑因工作面和放坡增加的工程量，并入各土方工程量中。三类土放坡起点应为 1.5m，因挖沟槽土方不应计算放坡。

（1）平整场地

$$S = 11.04 \times 3.24 + 5.1 \times 7.44$$
$$= 73.71 \text{m}^2$$

（2）挖沟槽土方

$$L_{外} = (10.8 + 8.1) \times 2$$
$$= 37.8 \text{m}$$
$$L_{内} = 3 - 0.92 - 0.3 \times 2$$
$$= 1.48 \text{m}$$
$$S_{1-1(2-2)} = (0.92 + 2 \times 0.3) \times 1.3$$
$$= 1.98 \text{m}^2$$
$$V = (37.8 + 1.48) \times 1.98$$
$$= 77.77 \text{m}^3$$

（3）挖基坑土方

$$S_{下} = (2.3 + 0.3 \times 2)^2$$
$$= 8.41 \text{m}^2$$
$$S_{上} = (2.3 + 0.3 \times 2 + 2 \times 0.33 \times 1.55)^2$$
$$= 15.37 \text{m}^2$$
$$V = \frac{1}{3} \times h \times (S_{上} + S_{下} + \sqrt{S_{上} S_{下}})$$
$$= \frac{1}{3} \times 1.55 \times (2.9^2 + 3.92^2 + 2.9 \times 3.92)$$
$$= 18.16 \text{m}^3$$

（4）土方回填

1）垫层：

$$V = (37.8 + 2.08) \times 0.92 \times 0.250 + 2.3 \times 2.3 \times 0.1$$
$$= 9.70 \text{m}^3$$

2）埋在土下砖基础（含圈梁）：

$$V = (37.8 + 2.76) \times (1.05 \times 0.24 + 0.0625 \times 3 \times 0.126 \times 4)$$
$$= 14.05 \text{m}^3$$

3）埋在土下的混凝土基础及柱：

$$V = \frac{1}{3} \times 0.25 \times (0.5^2 + 2.1^2 + 0.5 \times 2.1) + 1.05 \times 0.4 \times 0.4 + 2.1 \times 2.1 \times 0.15$$

$$= 1.31 \text{m}^3$$

4）基坑回填：

$$V = 77.77 + 18.16 - 9.7 - 14.05 - 1.31$$

$$= 70.87 \text{m}^3$$

5）室内回填：

$$V = (3.36 \times 2.76 + 7.86 \times 6.96 - 0.4 \times 0.4) \times (0.45 - 0.13)$$

$$= 20.42 \text{m}^3$$

$$V_{总} = 70.87 + 20.42$$

$$= 91.29 \text{m}^3$$

（5）余方弃置

$$V = 95.93 - 91.29$$

$$= 4.64 \text{m}^3$$

【例 1-12】 某市政道路整修工程，全长为 600m，路面修筑路宽度为 14m，路肩各宽 1m，土质为四类，余方运至 5km 处弃置点，填方要求密实度达到 95%。道路工程土方计算表见表 1-11。

道路工程土方工程量计算表 表 1-11

工程名称：某市道路工程　　　　　　　　标段：K0+000～K0+600　　　第 1 页 共 1 页

桩号	距离（m）	挖土			填土		
		断面积（m²）	平均断面积（m²）	体积（m³）	断面积（m²）	平均断面积（m²）	体积（m³）
0+000	50	0	1.5	75	3.00	3.2	160
0+050	50	3.00	3.0	150	3.40	4.0	200
0+100	50	3.00	3.4	170	4.60	4.5	225
0+150	50	3.80	3.6	180	4.40	5.2	260
0+200	50	3.40	4.0	200	6.00	5.2	260
0+250	50	3.60	4.4	220	4.40	6.2	310
0+300	50	4.20	4.6	230	8.00	6.6	330
0+350	50	5.00	5.1	255	5.20	8.1	405
0+400	50	5.20	6.0	300	11.00		
0+450	50	6.80	4.8	240			
0+500	50	2.80	2.4	120			
0+550	50	2.00	6.8	340			
0+600		11.60					
合计				2480			2150

施工方案如下：

1）挖土数量不大，拟用人工挖土。

28

2）土方平衡部分场内运输考虑用手推车运土，从道路工程土方计算表中可看出运距在200m内。

3）余方弃置拟用人工装车，自卸汽车运输。

4）路基填土压实拟用路基碾压、碾压厚度每层不超过30cm，并分层检验密实度，达到要求的密实度后再填筑上一层。

5）路床碾压为保证质量按路面宽度每边加宽30cm。

试计算其工程量，并编制综合单价分析表及土石方工程分部分项工程量清单与计价表。

【解】

（1）清单工程量计算

1）挖土方体积 2480m³

2）回填土体积：2150m³

3）余方弃置体积：330m³

4）路床碾压面积：

$$S_1 = (14+0.6) \times 600 = 8760 \text{m}^2$$

5）路肩整形碾压面积：

$$S_2 = 2 \times 600 = 1200 \text{m}^2$$

（2）工程量计价表格编制

定额拟按《全国统一市政工程预算定额》（GYD-301、302—1999）计取。管理费按直接费的10%考虑，利润按直接费的5%考虑。

工程量综合单价分析表见表1-12～表1-14，分部分项工程和单价措施项目清单与计价表见表1-15。

综合单价分析表（一）   表1-12

工程名称：某市道路工程　　　　　　　标段：K0+000～K0+600　　　　第1页　共3页

项目编码	040101001001		项目名称	挖一般土石方（四类土）		计量单位	m³	工程量	2480

清单综合单价组成明细

定额编号	定额项目名称	定额单位	数量	单价				合价			
				人工费	材料费	机械费	管理费和利润	人工费	材料费	机械费	管理费和利润
1-3	人工挖路槽土方（四类土）	100m³	0.01	1129.34	—	—	169.40	11.29	—	—	1.69
1-45	双轮斗车运土（运距50m以内）	100m³	0.01	431.65	—	—	64.75	4.32	—	—	0.65
1-46	双轮斗车运土（增运距150m）	100m³	0.01	85.39	—	—	20.27	2.56	—	—	0.61
人工单价			小计					18.17	—	—	2.95
22.47元/工日			未计价材料费						—	—	
清单项目综合单价								21.12			

29

综合单价分析表（二）

表 1-13

工程名称：某市道路工程　　　　标段：K0+000～K0+600　　　　第2页　共3页

项目编码	040103001001	项目名称	填方（密实度95%）	计量单位	m³	工程量	2150

清单综合单价组成明细

定额编号	定额项目名称	定额单位	数量	单价				合价			
				人工费	材料费	机械费	管理费和利润	人工费	材料费	机械费	管理费和利润
1-359	填土压路机碾压（密实度95%）	1000m³	0.001	134.82	6.75	1803.45	291.75	0.13	0.01	1.80	0.29
2-1	路床碾压检验	100m²	0.041	8.09	—	73.69	12.27	0.33	—	3.02	0.50
2-2	路肩整形碾压	100m²	0.006	38.65	—	7.91	6.98	0.23	—	0.05	0.04
	人工单价			小计				0.69	0.01	4.87	0.83
	22.47元/工日			未计价材料费				—			
	清单项目综合单价							6.40			

综合单价分析表（三）

表 1-14

工程名称：某市道路工程　　　　标段：K0+000～K0+600　　　　第3页　共3页

项目编码	040103001001	项目名称	余方弃置（运距5km）	计量单位	m³	工程量	330

清单综合单价组成明细

定额编号	定额项目名称	定额单位	数量	单价				合价			
				人工费	材料费	机械费	管理费和利润	人工费	材料费	机械费	管理费和利润
1-49	人工装汽车（土方）	100m³	0.01	370.76	—	—	55.614	3.70	—	—	0.56
1-272	自卸汽车运土（运距5km）	1000m³	0.001	—	5.40	10691.79	1604.58	—	0.01	10.70	1.60
	人工单价			小计				3.70	0.01	10.70	2.16
	22.47元/工日			未计价材料费				—			
	清单项目综合单价							16.57			

分部分项工程和单价措施项目清单与计价表

表 1-15

工程名称：某市道路工程　　　　标段：K0+000～K0+600　　　　第1页　共1页

序号	项目编号	项目名称	项目特征描述	计量单位	工程数量	金额/元	
						综合单价	合价
1	040101001001	挖一般土方	土壤类别：四类土	m³	2480	21.12	52377.60
2	040103001001	回填方	密实度：95%	m³	2150	6.40	13760.00
3	040103002001	余方弃置	运距：5km	m³	330	16.57	5468.10
			合计				71605.70

2 道路工程手工算量与实例精析

2.1 道路工程工程量手算方法

2.1.1 路基处理工程量

1. 路床（槽）整形工程量

（1）清单工程量

1）计算公式

$$S = a \times b \quad (\text{m}^2)$$

式中　S——基层工程量，m^2；

　　　a——路基加固长度，m；

　　　b——路基加固宽度，m。

2）工程量计算规则

预压地基、强夯地基、振冲密实（不填料）的工程量按设计图示尺寸以加固面积计算。

（2）定额工程量

1）计算公式

$$\text{工程量} = （车行道宽度＋路基加宽 \times 2）\times 路基长度 \quad (\text{m}^2)$$

2）工程量计算规则及说明

道路工程路床（槽）碾压宽度计算应按设计车行道宽度另计两侧加宽值，加宽值的宽度由各省自治区、直辖市自行确定，以利于路基的压实。

路床（槽）整形项目的内容，包括平均厚度 10cm 以内的人工挖高填低、整平路床，使之形成设计要求的纵横坡度，并应经压路机碾压密实。

2. 整理路床工程量

（1）计算公式

$$\text{工程量} = 道路基层面积＋平侧石面积＋人行道铺装面积 \quad (\text{m}^2)$$

（2）工程量计算规则

整理路床工程量以面积计算。道路工程路床（槽）碾压宽度应按设计道路底层宽度加加宽值计算，加宽值无明确规定时按底层两侧各加 25cm 计算，人行道宽度包括侧石宽，人行道碾压加宽按一侧计算。车行道宽度包括平石宽。

3. 掺石灰、掺干土、掺石工程量

（1）计算公式

$$\text{工程量} = 图示体积 \quad (\text{m}^3)$$

（2）工程量计算规则

掺石灰、掺干土、掺石工程量按设计图示尺寸以体积计算。

4. 桩基工程量

（1）振冲桩（填料）

1）计算公式

$$工程量 = 图示体积 \quad （m^3）$$

2）工程量计算规则

掺石灰、掺干土、掺石工程量按设计图示尺寸以体积计算。

（2）砂石桩

1）计算公式

$$工程量 = 桩长(包括桩尖) \quad （m）$$

或

$$工程量 = 桩截面 \times 桩长(包括桩尖) \quad （m^3）$$

2）工程量计算规则

① 按设计图示尺寸以桩长（包括桩尖）计算。

② 按设计桩截面乘以桩长（包括桩尖）以体积计算。

（3）水泥粉煤灰碎石桩、石灰桩、灰土（土）挤密桩

1）计算公式

$$工程量 = 桩长(包括桩尖) \quad （m）$$

2）工程量计算规则

水泥粉煤灰碎石桩、石灰桩、灰土（土）挤密桩工程量按设计图示尺寸以桩长（包括桩尖）计算。

（4）深层水泥搅拌桩、粉喷桩、高压水泥旋喷桩、柱锤冲扩桩

1）计算公式

$$工程量 = 桩长 \quad （m^3）$$

2）工程量计算规则

深层水泥搅拌桩、粉喷桩、高压水泥旋喷桩、柱锤冲扩桩工程量按设计图示尺寸以桩长计算。

5. 其他工程量

（1）袋装砂井、塑料排水板

1）计算公式

$$工程量 = 图示长度 \quad （m）$$

2）工程量计算规则

袋装砂井、塑料排水板工程量按设计图示尺寸以长度计算。

（2）地基注浆

1）计算公式

$$地基注浆工程量 = 图示深度 \quad （m）$$

或

$$地基注浆工程量 = 图示加固面积 \times 加固厚度 \quad （m^3）$$

2）工程量计算规则

地基注浆工程量按设计图示尺寸以深度计算，或按设计图示尺寸以加固体积计算。

（3）褥垫层

1）计算公式

$$褥垫层工程量 = 图示长度 × 图示宽度 \quad (m^2)$$

或

$$褥垫层工程量 = 图示长度 × 图示宽度 × 厚度 \quad (m^3)$$

2）工程量计算规则

褥垫层工程量按设计图示尺寸以铺设面积计算，或按设计图示尺寸以铺设体积计算。

（4）排水沟、截水沟、盲沟

1）计算公式

$$工程量 = 图示长度 \quad (m)$$

2）工程量计算规则

排水沟、截水沟、盲沟工程量按设计图示以长度计算。

2.1.2 道路基层工程量

1. 清单工程量

（1）计算公式

$$S = a × b \quad (m^2)$$

式中　S——基层工程量，m^2；

　　　a——路基长度，m；

　　　b——路基宽度，m。

（2）工程量计算规则

1）道路基层工程量，按设计图示尺寸以面积计算，不扣除各种井所占面积。

2）道路基层厚度以压实后的厚度为准。

2. 定额工程量

（1）计算公式

$$工程量 = (路基宽度 + 路肩宽度 × 2 + 路基宽度 × 2) × 路基长度 \quad (m^2)$$

（2）工程量计算规则及说明

1）道路工程路基应按设计车行道宽度另计两侧加宽值，加宽值的宽度由各省、自治区、直辖市自行确定。

2）道路基层计算不扣除各种井位所占的面积。

3）路面加宽设计形式主要有如下几种：

① 路面两侧相等的加宽方式，如图 2-1 所示。

② 对不能采取两侧相等加宽的路面，如两侧加宽宽度差数在 1m 以下时，不必调节横坡，可按图 2-2 所示进行加宽。若两侧加宽宽度差超过 1m 时，必须调整路拱横

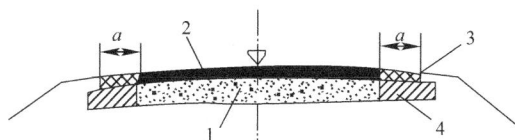

图 2-1　两侧相等加宽路面

1—原基层；2—原路面；3—加宽路面；4—加宽基层

坡，可按图 2-3 所示进行加宽。

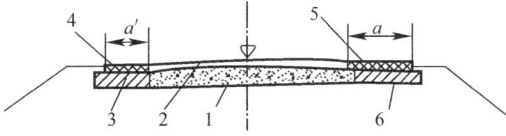

图 2-2　两侧不相等加宽路面　　　　　图 2-3　两侧不相等加宽路面

(a-a'＜1m 时不调整路拱)　　　　　(a-a'＞1m 时必须调整路拱)

1—原基层；2—原路面；3—加宽基层较窄；4—加宽面　　　　1—加宽基层；2—加宽面层；
层较宽；5—加宽面层较宽；6—加宽基层较宽　　　　3—原路拱中点；4—新铺路拱中点

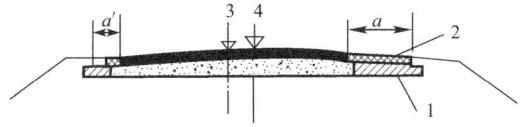

　　　　③ 路面单侧加宽示意图如图 2-4 所示。

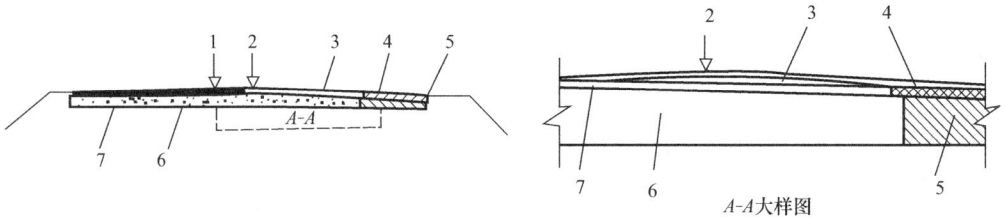

图 2-4　单侧加宽路面

1—原路拱中心；2—调拱后中心；3—三角调拱层；4—加宽面层；5—加宽基层；6—旧基层；7—旧面层

2.1.3　道路面层工程量

1. 清单工程量

（1）计算公式

$$S = a \times b \quad (\text{m}^2)$$

式中　S——面层工程量，m^2；

　　　a——面层长度，m；

　　　b——面层宽度，m。

（2）工程量计算规则

道路面层工程量按设计图示尺寸以面积计算，不扣除各种井所占面积，带平石的面层应扣除平石所占面积。

2. 定额工程量

（1）计算公式

　　　工程量 ＝（面层宽度＋路肩宽度×2＋面层宽度×2）×面层长度　　（m^2）

（2）工程量计算规则及说明

1）道路工程沥青混凝土、水泥混凝土及其他类型路面工程量以设计长乘以设计宽计算（包括转弯面积），不扣除各类井所占面积。

2）道路面层按设计图所示面积（带平石的面层应扣除平石面积）以"m^2"计算。

34

2.1.4 人行道及其他工程量

1. 人行道整形碾压

（1）计算公式

$$工程量 = 整形长度 \times 整形宽度 \quad （m^2）$$

（2）工程量计算规则

人行道整形碾压工程量按设计人行道图示尺寸以面积计算，不扣除侧石、树池和各类井所占面积。

2. 人行道块料铺设、现浇混凝土人行道及进口坡

（1）计算公式

$$工程量 = 铺设长度 \times 铺设宽度 - 侧石、树池面积 \quad （m^2）$$

（2）工程量计算规则

人行道块料铺设、现浇混凝土人行道及进口坡工程量按设计图示尺寸以面积计算，不扣除各类井所占面积，但应扣除侧石、树池所占面积。

3. 安砌（现浇）侧（平、缘）石

（1）计算公式

$$工程量 = 铺设侧（平、缘）石的道路长度 \times 2 \quad （m）$$

（2）工程量计算规则

安砌侧（平、缘）石、现浇侧（平、缘）石工程量按设计图示中心线长度计算。

路缘石、侧缘石的形式和尺寸如图 2-5 所示。

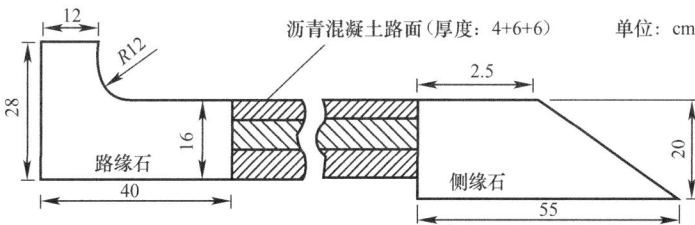

图 2-5 路缘石、侧缘石的形式和尺寸

4. 检查井升降

（1）计算公式

$$工程量 = 图示数量 \quad （座）$$

（2）工程量计算规则

按设计图示路面标高与原有的检查井发生正负高差的检查井的数量计算。

5. 树池砌筑

（1）计算公式

$$工程量 = 图示数量 \quad （个）$$

（2）工程量计算规则

树池砌筑工程量按设计图示数量计算。

6. 预制电缆沟铺设

（1）计算公式

$$工程量 = 图示中心线长度 \quad （m）$$

（2）工程量计算规则

预制电缆沟铺设工程量按设计图示中心线长度计算。

2.1.5 交通管理设施工程量

1. 人（手）孔井、值班亭

（1）计算公式

$$工程量 = 图示数量 \quad （座）$$

（2）工程量计算规则

人（手）孔井、值班亭工程量按设计图示数量，以"座"计算。

2. 标杆、警示柱

（1）计算公式

$$工程量 = 图示数量 \quad （根）$$

（2）工程量计算规则

标杆、警示柱工程量按设计图示数量，以根计算。

3. 标志板

（1）计算公式

$$工程量 = 图示数量 \quad （块）$$

（2）工程量计算规则

标志板工程量按设计图示数量，以块计算。

道路工程中常用的标志种类及尺寸见表 2-1，标志的支撑图式见表 2-2。

标志示意图的形式与尺寸   表 2-1

规格种类	形式与尺寸（mm）	画　法
警告标志	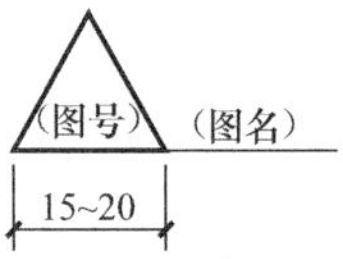 （图号）（图名） 15~20	等边三角形采用细实线绘制，顶角向上
禁令标志	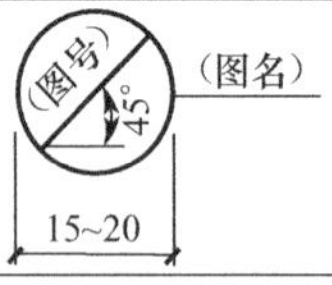 （图号）（图名）45° 15~20	图采用细实线绘制，图内斜线采用粗实线绘制
指示标志	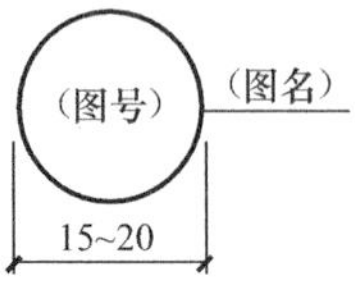 （图号）（图名） 15~20	图采用细实线绘制
指路标志	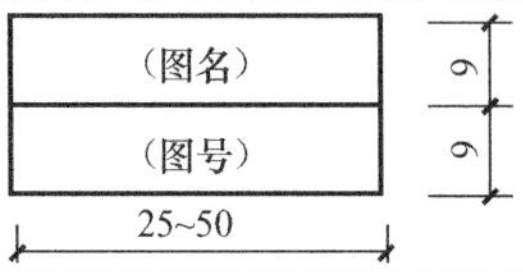 （图名）（图号）9 9 25~50	矩形框采用细实线绘制

规格种类	形式与尺寸（mm）	画　法
高速公路指路标志	××高速 （图名） （图名）　$a/3$ $a/3$ $a/3$ a a	正方形外框采用细实线绘制，边长为30～50mm。方形内的粗、细实线间距为1mm
辅助标志	（图名）　9 （图名）　9 30~50	长边采用粗实线绘制，短边采用细实线绘制

标志的支撑图示　　　　　　　　　　　　　　　　表 2-2

名　称	单柱式	双柱式	悬臂式	门　式	附着式
图示	○				将标志直接标注在结构物上

4. 视线诱导器

（1）计算公式

$$工程量 = 图示数量 \quad （只）$$

（2）工程量计算规则

标志板工程量按设计图示数量，以只计算。

5. 标线

（1）计算公式

$$工程量 = 图示长度 \quad （m）$$

或

$$工程量 = 图示长度 \times 图示宽度 \quad （m^2）$$

（2）工程量计算规则

标线工程量按设计图示以长度计算，或按设计图示尺寸以面积计算。

车流向标线示意图如图 2-6 所示。

6. 标记

（1）计算公式

$$工程量 = 图示数量 \quad （个）$$

或

$$工程量 = 图示长度 \times 图示宽度 \quad （m^2）$$

（2）工程量计算规则

标记工程量按设计图示数量计算，或按设计图示尺寸以面积计算。

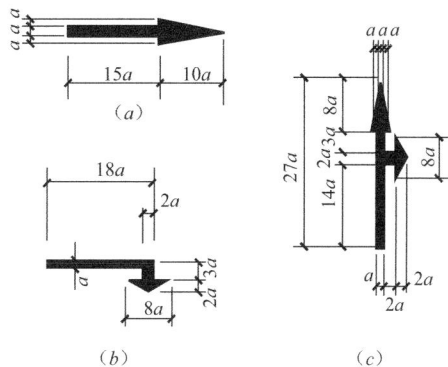

图 2-6　车流向标线示意图

7. 横道线、清除标线

（1）计算公式

$$标记工程量 = 图示长度 \times 图示宽度 \quad （m^2）$$

（2）工程量计算规则

横道线、清除标线工程量按设计图示尺寸以面积计算。

8. 环形检测线圈、防撞筒（墩）

（1）计算公式

$$工程量 = 图示数量 \quad （个）$$

（2）工程量计算规则

环形检测线圈、防撞筒（墩）工程量按设计图示数量，以个计算。

9. 电缆保护管、隔离护栏、架空走线等

（1）计算公式

$$工程量 = 图示长度 \quad （m）$$

（2）工程量计算规则

电缆保护管、隔离护栏、架空走线、管内配线、减速垄工程量按设计图示以长度计算。

10. 信号灯、数码相机、道闸机、可变信息情报板

（1）计算公式

$$工程量 = 图示数量 \quad （套）$$

（2）工程量计算规则

信号灯、数码相机、道闸机、可变信息情报板工程量按设计图示数量，以套计算。

11. 设备控制箱、监控摄像机

（1）计算公式

$$工程量 = 图示数量 \quad （台）$$

（2）工程量计算规则

设备控制箱、监控摄像机工程量按设计图示数量，以台计算。

2.2 道路工程工程量手算参考公式

2.2.1 转角路口面积计算

转角路口面积计算，如图 2-7 所示。

当道路正交时，每个转角的路口面积=$0.2146R^2$；

当道路斜交时，每个转角的路口面积=$R^2[(\tan\alpha)/2 - 0.00873]$。

相邻的两个转角的圆心角是互为补角的，即一个中心角是 α，另一个中心角是（$180°-\alpha$），R 是每个路口的转角半径。

2.2.2 转角转弯侧平石长度计算

转角转弯侧平石长度计算，如图 2-8 所示。

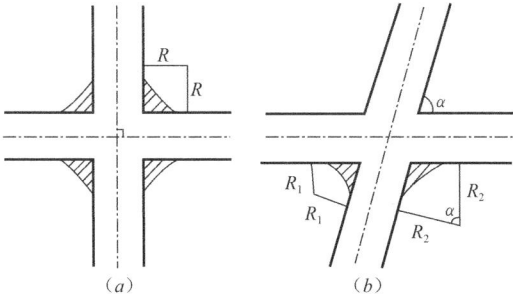

图 2-7 转角路口面积计算图   图 2-8 转角转弯侧平石长度计算图

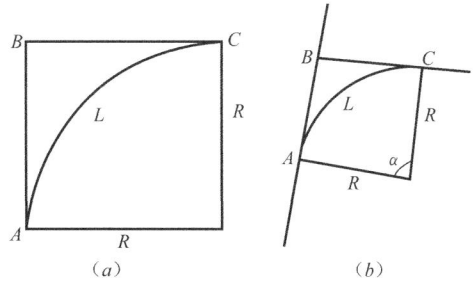

当道路正交时，每个转角的转弯侧平石长度 $L=1.5708R$；

当道路斜交时，每个转角的转弯侧平石长度 $L=0.01745R\alpha$。

相邻的两个转角的圆心角是互为补角的，即一个中心角是 α，另一个中心角是（$180°-\alpha$），R 是每个路口的转角半径。

2.3 道路工程工程量手算实例解析

【例 2-1】 某市政道路工程施工，道路全长为 2000m，道路宽度为 26m，因地段土质欠佳，需对路基进行处理，要通过强夯土方使土基密实（密实度大于 90%）。若设两侧路肩各宽 1m，地基加宽值为 30cm，试计算需夯实地基土方工程量。

【解】

夯实地基土方工程量：

$$S_{夯实} = 2000 \times (26+1 \times 2)$$
$$= 56000 \text{m}^2$$

【例 2-2】 如图 2-9 和图 2-10 所示道路长为 200m。试计算：

（1）侧石长度、基础面积。

（2）水泥混凝土路面面积。

（3）人行板面积（包括分隔带上铺筑面积）。

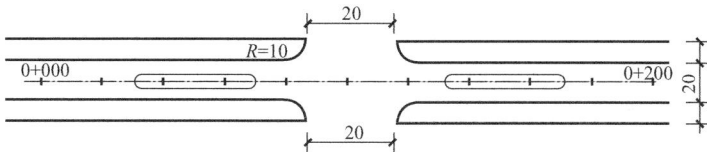

图 2-9 平面示意图（路口转角半径 $R=10$m，分隔带半径 $r=2$m）

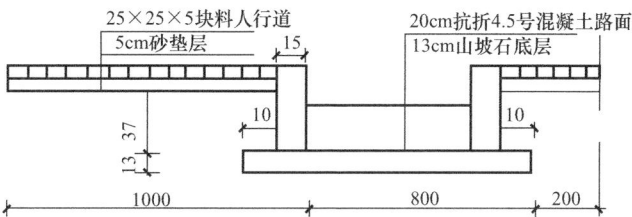

图 2-10 有分隔带段水泥混凝土路面结构（单位：cm）

【解】

(1) 侧石长度

$$L = (200-40) \times 2 + 3.14 \times 10 \times 2 + (40-4) \times 4 + 3.14 \times 2 \times 2 \times 2$$
$$= 551.92 \text{m}$$

(2) 基础面积

$$S = 551.92 \times 0.25$$
$$= 137.98 \text{m}^2$$

(3) 水泥混凝土路面面积

$$S = 200 \times 20 - (36 \times 4 + 3.14 \times 2^2) \times 2 + 20 \times 10 \times 2 + 0.2146 \times 10^2 \times 4$$
$$= 4172.72 \text{m}^2$$

(4) 人行道板面积

$$S = (200-40) \times (10-0.15) \times 2 + 3.14 \times 9.85^2$$
$$+ (40-4) \times 3.7 \times 2 + 3.14 \times 1.85^2 \times 2$$
$$= 3744.54 \text{m}^2$$

【例 2-3】 某市道路结构图、侧石大样图及横断面图如图 2-11 所示,道路全长 500m,路幅宽度为 28m,人行道两侧的宽度均为 7m,路缘石宽度为 20cm,且路基每侧加宽值为 0.5m,求人行道工程量和侧石工程量。

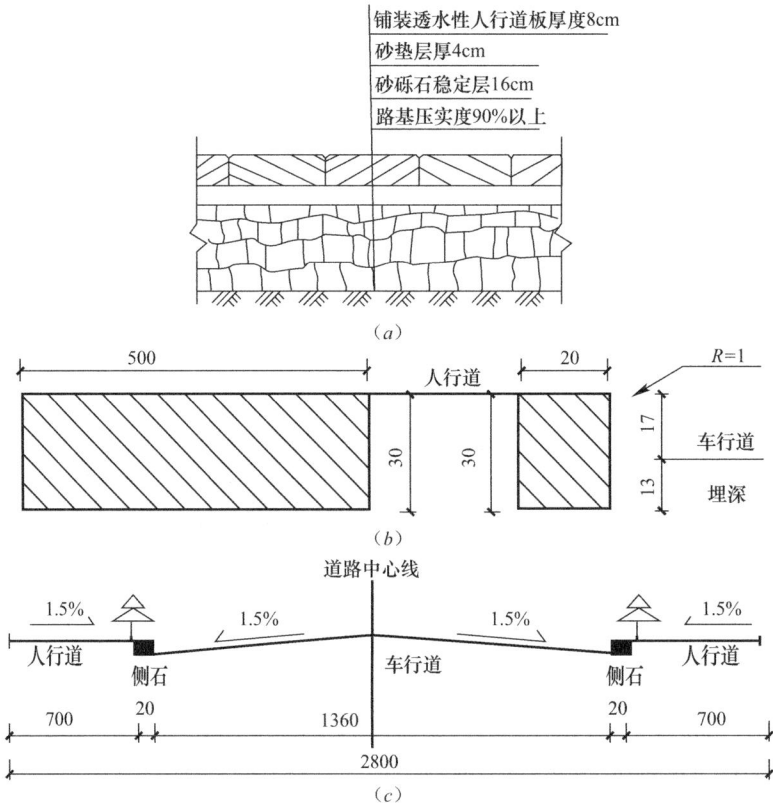

图 2-11 某市政道路结构示意图(单位:cm)

(a)人行道结构示意图;(b)侧石大样图;(c)道路横断面图

【解】

（1）褥垫层工程量

$$S_{垫层} = 2 \times 500 \times 7$$
$$= 7000m^2$$

（2）砂砾石稳定层工程量

$$S_{稳定层} = 2 \times 500 \times 7$$
$$= 7000m^2$$

（3）人行道块料铺设工程量

$$S_{垫层} = 2 \times 500 \times 7$$
$$= 7000m^2$$

（4）安砌侧（平、缘）石工程量

$$L = 2 \times 500$$
$$= 1000m$$

【例2-4】 某道路全长为2580m，路面宽度为20m，路肩各为1m，路基加宽值为30cm，其中路堤断面图、喷粉桩示意图如图2-12所示，试计算喷粉桩的工程量。

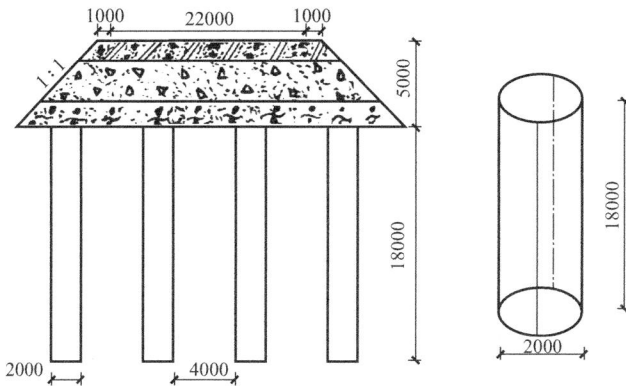

图2-12 路堤断面喷粉桩

【解】

（1）清单工程量

喷粉桩的长度为：

$$L_{喷粉桩} = [2580 \div (4+2) +1] \times [(22+1 \times 2) \div 6 +1] \times 18$$
$$= 431 \times 5 \times 18$$
$$= 38790m$$

（2）定额工程量

1）喷粉桩的长度

$$L_{喷粉桩} = [2580 \div (4+2) +1] \times [(22+1 \times 2+2 \times 0.3) \div 6 +1] \times 18$$
$$= 431 \times 6 \times 18$$
$$= 46548m$$

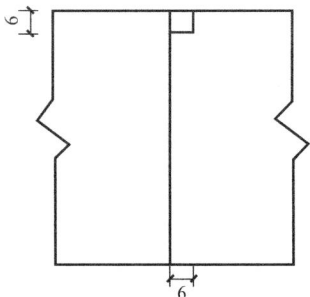

图 2-13 锯缝断面示意图
（单位：mm）

2）喷粉桩的截面积：

$$S_{喷粉桩} = 3.14 \times (2 \div 2)^2$$
$$= 3.14m^2$$

3）喷粉桩的体积：

$$V_{喷粉桩} = 46548 \times 3.14$$
$$= 146160.72m^3$$

【例 2-5】 某道路全长为 1500m，路面宽度为 15m，路基两侧均加宽 20cm，为保证路基稳定性设置了路侧缘石。在路面每隔 5m 处用切缝机切缝，锯缝断面示意图如图 2-13 所示。试求锯缝长度及路缘石工程量。

【解】

（1）清单工程量

1）锯缝个数：

$$n_{锯缝} = 1500 \div 5 - 1$$
$$= 299 条$$

2）锯缝总长度：

$$L_{锯缝} = 299 \times 15$$
$$= 4485m$$

3）锯缝面积：

$$S_{锯缝} = 4485 \times 0.006$$
$$= 26.91m^2$$

4）路缘石长度：

$$L_{路缘石} = 1500 \times 2$$
$$= 3000m$$

（2）定额工程量

定额工程量同清单工程量。

【例 2-6】 某路 K0＋000～K0＋200 为沥青混凝土结构，道路的结构图、平面图如图 2-14 所示。路面宽度为 15m，路肩各宽 1m，路基加宽值为 0.5m，路面两边铺侧缘石。

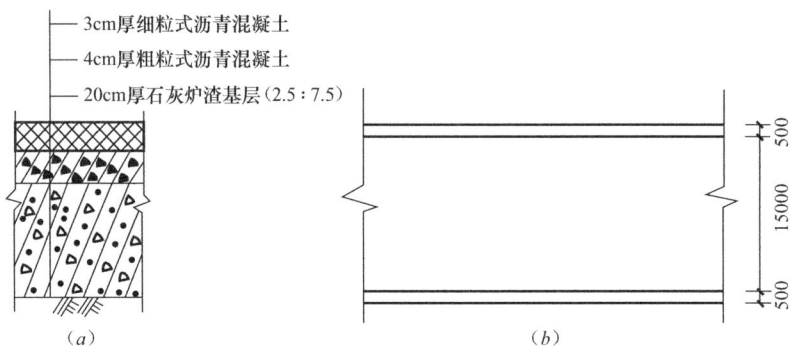

图 2-14 某沥青混凝土结构道路示意图
（a）道路结构图；（b）道路平面图

根据上述情况，试计算道路工程工程量。

【解】

（1）清单工程量

1）石灰炉渣基层面积：

$$S_1 = 15 \times 200$$
$$= 3000 \text{m}^2$$

2）沥青混凝土面层面积：

$$S_2 = 15 \times 200$$
$$= 3000 \text{m}^2$$

3）侧缘石长度：

$$L = 200 \times 2$$
$$= 400 \text{m}$$

（2）定额工程量

1）石灰炉渣基层面积：

$$S_1 = (15 + 1 \times 2 + 2 \times 0.5) \times 200$$
$$= 3600 \text{m}^2$$

2）沥青混凝土面层面积：

$$S_2 = 15 \times 200$$
$$= 3000 \text{m}^2$$

3）侧缘石长度：

$$L = 200 \times 2$$
$$= 400 \text{m}$$

【例 2-7】 如图 2-15 所示为某一级道路沥青混凝土结构，标段标记为 K1＋100～K1＋1000，路面宽度为 20m，路肩宽度为 1m，路基两侧各加宽 50cm，其中 K1＋550～K1＋650 之间为过湿土基，用石灰砂桩进行处理，按矩形布置，桩间距为 90cm。石灰桩示意图如图 2-16 所示，试计算道路工程量。

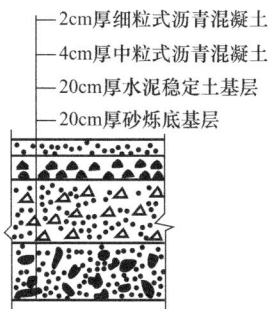

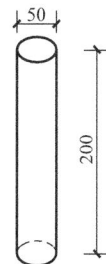

图 2-15 道路结构图   图 2-16 石灰桩示意图（单位：cm）

【解】

（1）清单工程量

1）沙砾底基层面积：

$$S_1 = 20 \times 900$$
$$= 18000 \text{m}^2$$

2）水泥稳定土基层面积：
$$S_2 = 20 \times 900$$
$$= 18000 \text{m}^2$$

3）沥青混凝土面层面积：
$$S_3 = 20 \times 900$$
$$= 18000 \text{m}^2$$

4）道路横断面方向布置桩数：
$$n_1 = 20 \div 0.9 + 1$$
$$= 24 \text{ 个}$$

5）道路纵断面方向布置桩数：
$$n_2 = 100 \div 0.9 + 1$$
$$= 113 \text{ 个}$$

6）所需桩数：
$$n = n_1 \times n_2$$
$$= 24 \times 113$$
$$= 2712 \text{ 个}$$

7）总桩长度：
$$L = 2712 \times 2$$
$$= 5424 \text{m}$$

（2）定额工程量

1）砂砾底基层面积：
$$S_1 = (20 + 1 \times 2 + 0.5 \times 2) \times 900$$
$$= 20700 \text{m}^2$$

2）水泥稳定土基层面积：
$$S_2 = (20 + 1 \times 2 + 0.5 \times 2) \times 900$$
$$= 20700 \text{m}^2$$

3）沥青混凝土面层面积：
$$S_3 = 20 \times 900$$
$$= 18000 \text{m}^2$$

4）总桩长度：
$$L = 2712 \times 2$$
$$= 5424 \text{m}$$

【例 2-8】 某道路为水泥混凝土结构，道路结构图如图 2-17 所示。道路全长为 1250m，道路两边铺侧缘石，路面宽度为 22m，且路基两侧分别加宽 0.5m。道路沿线有雨水井、检查井分别为 45 座、30 座，其中检查井与雨水井均与设计图示标高产生正负高差。试计算该道路工程工程量。

【解】

(1) 清单工程量

1) 卵石底基层面积：

$$S_1 = 1250 \times 22$$
$$= 27500 m^2$$

2) 石灰、粉煤灰、沙砾基层面积：

$$S_2 = 1250 \times 22$$
$$= 27500 m^2$$

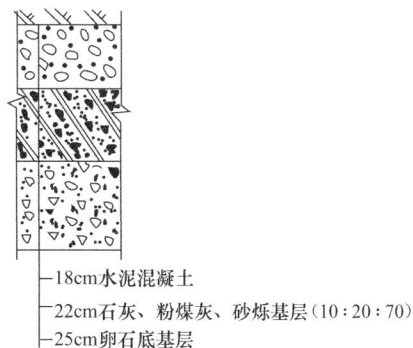

－18cm水泥混凝土
－22cm石灰、粉煤灰、砂砾基层（10：20：70）
－25cm卵石底基层

图 2-17　道路结构图

3) 水泥混凝土面层面积：

$$S_3 = 1250 \times 22$$
$$= 27500 m^2$$

4) 路缘石长度：

$$L = 1250 \times 2$$
$$= 2500 m$$

5) 雨水井与检查井的数量：

$$n = 45 + 30$$
$$= 75 座$$

(2) 定额工程量

1) 卵石底基层面积：

$$S_1 = (22 + 2 \times 0.5) \times 1250$$
$$= 28750 m^2$$

2) 石灰、粉煤灰、沙砾基层面积：

$$S_2 = (22 + 2 \times 0.5) \times 1250$$
$$= 28750 m^2$$

3) 水泥混凝土面层面积：

$$S_3 = 28750 \times 22$$
$$= 27500 m^2$$

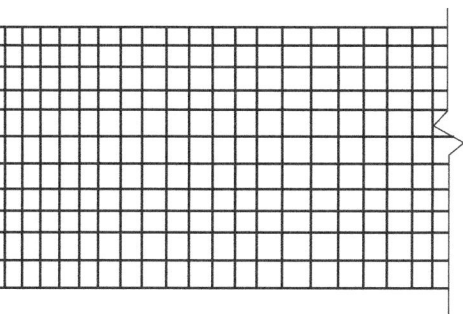

图 2-18　隔离护栏断面示意图

4) 路缘石长度：

$$L = 1250 \times 2$$
$$= 2500 m$$

5) 雨水井与检查井的数量：75 座

【例 2-9】 某高速公路 K1＋100～K2＋800 段修建在村庄旁边，为避免行人和家畜影响行车速度，在道路两侧设置了高为 2.2m 的隔离栏，其断面如图 2-18 所示。试求隔离栏的工程量。

45

【解】

（1）清单工程量

隔离栏长度：

$$L = 2 \times (2800 - 1100)$$
$$= 3400(\text{m})$$

（2）定额工程量

定额工程量同清单工程量。

【例 2-10】 某道路结构图、半路堑示意图如图 2-19、图 2-20 所示。道路全长为 6000m，路面宽度为 20m，路基每侧加宽值为 0.5m。需要在全线范围内设置边沟，在 K2＋100～K2＋920 之间为半路堑，在挖方一侧要设置截水沟，试计算该道路的工程量。

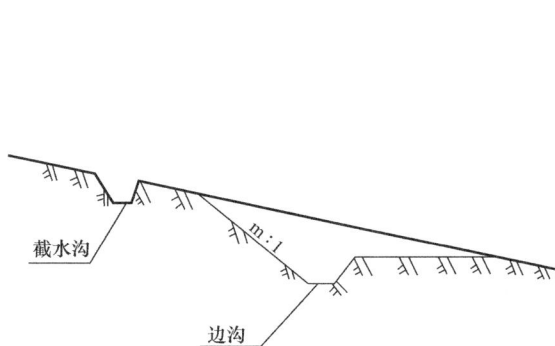

图 2-19 半路堑示意图

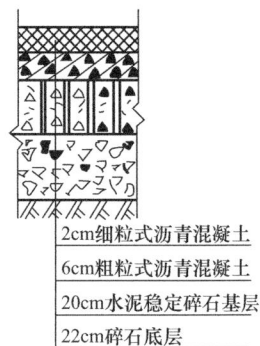

2cm细粒式沥青混凝土
6cm粗粒式沥青混凝土
20cm水泥稳定碎石基层
22cm碎石底层

图 2-20 道路结构图

【解】

（1）清单工程量

1）碎石底层的面积：

$$S_1 = 6000 \times 20$$
$$= 120000\text{m}^2$$

2）水泥稳定碎石基层面积：

$$S_2 = 6000 \times 20$$
$$= 120000\text{m}^2$$

3）沥青混凝土面层的面积：

$$S_3 = 6000 \times 20$$
$$= 120000\text{m}^2$$

4）边沟的长度：

$$L_1 = 6000 \times 2$$
$$= 12000\text{m}$$

5）截水沟的长度：

$$L_2 = 2920 - 2100$$
$$= 820\text{m}$$

46

（2）定额工程量

1）碎石底层的面积：

$$S_1 = 6000 \times (20 + 2 \times 0.5)$$
$$= 126000 \text{m}^2$$

2）水泥稳定碎石基层面积：

$$S_2 = 6000 \times (20 + 2 \times 0.5)$$
$$= 126000 \text{m}^2$$

3）沥青混凝土面层的面积：

$$S_3 = 6000 \times 20$$
$$= 120000 \text{m}^2$$

4）边沟的长度：

$$L_1 = 6000 \times 2$$
$$= 12000 \text{m}$$

5）截水沟的长度：

$$L_2 = 2920 - 2100$$
$$= 820 \text{m}$$

【例 2-11】 某道路长为 2800m，路面宽度为 18m，路肩宽度为 1.5m，路基每侧加宽值为 0.5m。其中在 K0+110～K0+865 标段之间由于地基土质比较湿软，故采用砂井法对其进行处理，其中砂井直径为 0.1m，长度为 1.2m，前后砂井间距为 2m。在 K1+230～K1+998 标段之间排水困难，为防止对路基的稳定性造成影响，采用盲沟排水。另外，每隔 100m 设置一标杆以引导驾驶员的视线，该道路与大型建筑物相邻时，竖立 25 个标志板以保证行人安全。如图 2-21～图 2-24 所示，试计算该道路的工程量。

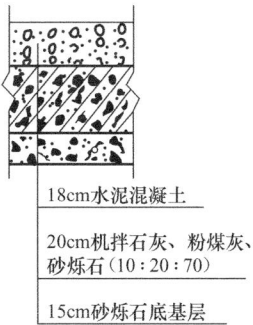

18cm水泥混凝土

20cm机拌石灰、粉煤灰、砂砾石（10:20:70）

15cm砂砾石底基层

图 2-21 道路结构图

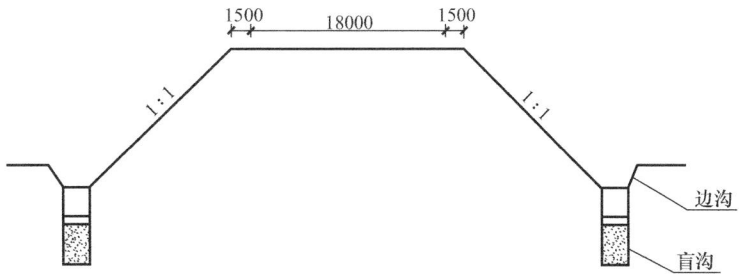

边沟

盲沟

图 2-22 直沟布置图（单位：cm）

图 2-23 标杆示意图

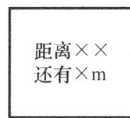

距离××还有×m

图 2-24 标志板示意图

【解】

（1）清单工程量

1）砂砾石底基层的面积：

$$S_1 = 2800 \times 18$$
$$= 50400m^2$$

2）石灰、粉煤灰、砂砾石（10：20：70）基层的面积：

$$S_2 = 2800 \times 18$$
$$= 50400m^2$$

3）水泥混凝土面层面积：

$$S_3 = 2800 \times 18$$
$$= 50400m^2$$

4）砂井的长度：

$$L_1 = [(1.5 \times 2 + 1.5 \times 2 + 18) \div (2 + 0.1) + 1] \times [(865 - 110) \div (2 + 0.1) + 1] \times 1.2$$
$$= [13 \times 361] \times 1.2$$
$$= 5631.6m$$

5）盲沟长度：

$$L_2 = (1998 - 1230) \times 2$$
$$= 1536m$$

6）标杆套数：

$$n = 2800 \div 100 + 1$$
$$= 29 \, 套$$

7）标志板块数：25 块

（2）定额工程量

1）砂砾石底基层的面积：

$$S_1 = 2800 \times (18 + 1.5 \times 2 + 2 \times 0.5)$$
$$= 61600m^2$$

2）石灰、粉煤灰、砂砾石（10：20：70）基层的面积：

$$S_2 = 2800 \times (18 + 1.5 \times 2 + 2 \times 0.5)$$
$$= 61600m^2$$

3）水泥混凝土面层面积：

$$S_3 = 2800 \times 18$$
$$= 50400m^2$$

4）砂井的长度

$$L_1 = [(1.5 \times 2 + 1.5 \times 2 + 18 + 2 \times 0.5) \div (2 + 0.1) + 1]$$
$$\times [(865 - 110) \div (2 + 0.1) + 1] \times 1.2$$
$$= [13 \times 361] \times 1.2$$
$$= 5631.6m$$

5）盲沟长度：

$$L_2 = (1998 - 1230) \times 2$$

48

$$= 1536m$$

6）标杆套数：

$$2800 \div 100 + 1 = 29 \text{ 套}$$

7）标志板块数：25 块

【例 2-12】 某市区新建次干道道路工程，设计路段桩号为 K0+100～K0+240，在桩号 0+180 处有一丁字路口（斜交）。该次干道主路设计横断面路幅宽度为 29m，其中车行道为 18m，两侧人行道宽度各为 5.5m。斜交道路设计横断面路幅宽度为 27m，其中车行道为 16m，两侧人行道宽度同主路。在人行道两侧共有 52 个 1m×1m 的石质块树池。道路路面结构层依次为：20cm 厚混凝土面层（抗折强度 4.0MPa）、18cm 厚 5% 水泥稳定碎石基层、20cm 厚块石底层（人机配合施工），人行道采用 6cm 厚彩色异形人行道板，具体如图 2-25 所示。有关说明如下：

（1）该设计路段土路基已填筑至设计路基标高。

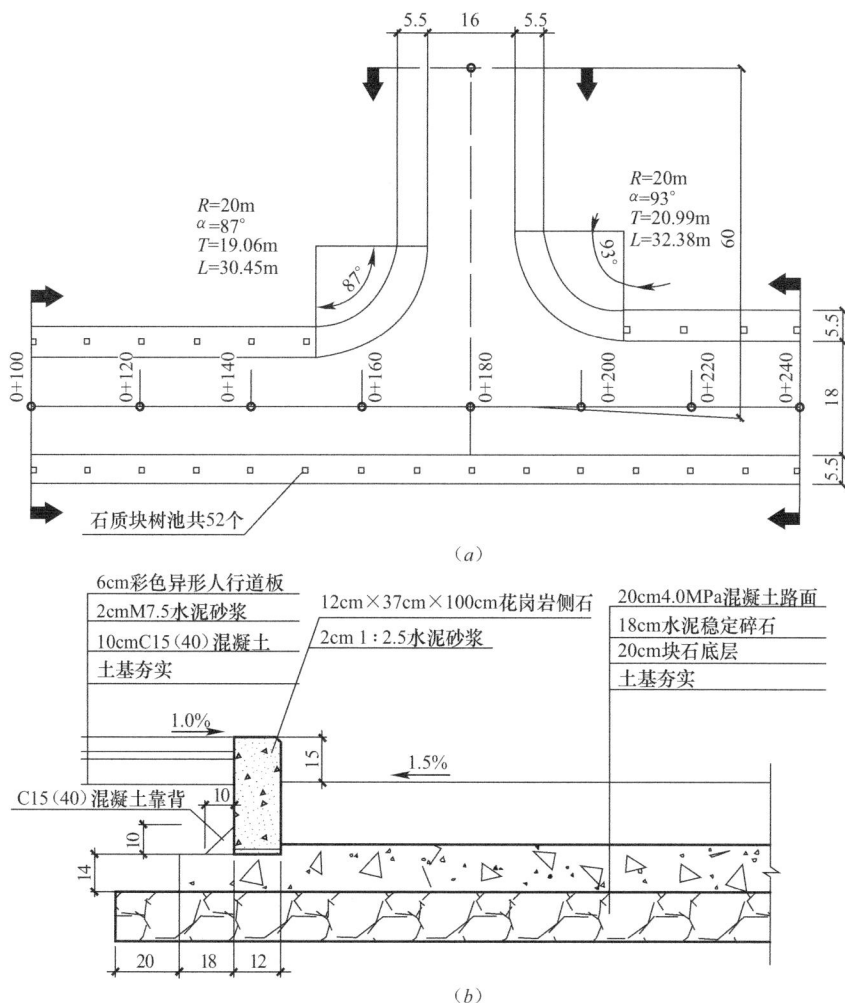

（a）

（b）

图 2-25 某市区新建次干道示意图

（a）平面图（单位：m）；（b）结构图（单位：cm）

（2）6cm 厚彩色异形人行道板、12cm×37cm×100cm 花岗岩侧石及 10cm×20cm×100cm 花岗岩树池均按成品考虑，具体材料取定价：彩色异形人行道板 45 元/m²、花岗岩侧石 80 元/m、花岗岩树池 20 元/m。

（3）水泥混凝土、水泥稳定碎石砂采用现场集中拌制，平均场内运距 70m，采用双轮车运输。

（4）混凝土路面考虑塑料膜养护，路面刻防滑槽。

（5）混凝土嵌缝材料为沥青木丝板。

（6）路面钢筋 ϕ10 以内 5.62t。

（7）斜交路口转角面积计算公式：$F = R^2 \times \left(\mathrm{tg}\dfrac{\alpha}{2} - 0.00873\alpha \right)$。

试计算该道路的工程量。

【解】

（1）道路面积

$$S_1 = (240 - 100) \times 18 + (60 - 9/\sin87°) \times 16 + 202 \times (\mathrm{tg}87°/2 - 0.00873 \times 87°)$$
$$+ 202 \times (\mathrm{tg}93°/2 - 0.00873 \times 93°)$$
$$= 3508.34 \mathrm{m}^2$$

（2）侧石长度

$$L = 140 \times 2 - (19.06 + 20.99 + 16/\sin87°) + 30.45 + 32.38$$
$$+ (60 - 9/\sin87° - 19.06) + (60 - 9/\sin87° - 20.99)$$
$$= 348.69 \mathrm{m}^2$$

（3）路床（槽）整形

$$S_2 = 3508.34 + 348.69 \times (0.12 + 0.18 + 0.2 + 0.25)$$
$$= 3769.86 \mathrm{m}^2$$

（4）20cm 块石基石

$$S_3 = 3508.34 + 348.69 \times 0.5$$
$$= 3682.69 \mathrm{m}^2$$

（5）18cm 水泥稳定碎石基层

$$S_4 = 3508.34 + 348.69 \times 0.3 \times 0.14/0.18$$
$$= 3589.7 \mathrm{m}^2$$

（6）20cm 混凝土路面同道路面积：3508.34m²

（7）现浇构件钢筋 ϕ10 以内 5.62t

（8）人行道整形碾压

$$S_5 = 348.69 \times 5.5 + 348.69 \times 0.25$$
$$= 2004.97 \mathrm{m}^2$$

（9）彩色异形人行道板安砌

$$S_6 = 348.69 \times 5.5 - 348.69 \times 0.12 - 1 \times 1 \times 52$$
$$= 1823.95 \mathrm{m}^2$$

（10）花岗岩侧石同侧石长度：348.69m²

（11）树池砌筑：52 个

【例 2-13】 某市一号道路工程 K0＋000～K0＋100 为沥青混凝土结构，K0＋100～K0＋135 为混凝土结构，车行道道路结构如图 2-26、人行道道路结构如图 2-27 所示。路面修筑宽度为 10m，路肩各宽 1m，为保证压实，每边各加 30cm。路面两边铺侧缘石。

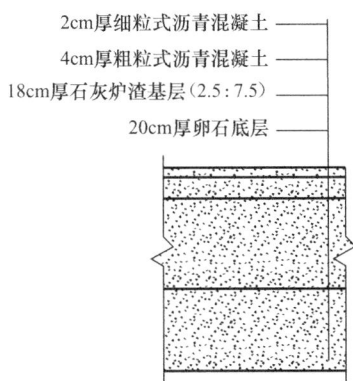

2cm厚细粒式沥青混凝土
4cm厚粗粒式沥青混凝土
18cm厚石灰炉渣基层(2.5:7.5)
20cm厚卵石底层

2cm厚4.3MPa水泥砂浆混凝土路面
2cm厚石灰炉渣基层(2.5:7.5)

图 2-26 车行道道路结构图   图 2-27 人行道道路结构图

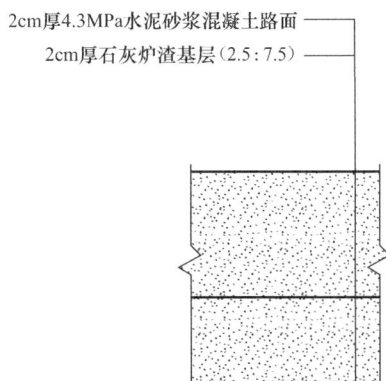

其施工方案如下：

1) 卵石底层用人工铺装、压路机碾压。

2) 石灰炉渣基层用拖拉机拌合、机械铺装、压路机碾压、顶层用洒水机养护。

3) 机械铺摊沥青混凝土，粗粒式沥青混凝土和细粒式沥青混凝土用厂拌运到现场，运距 5km。

4) 水泥混凝土采取现场机械拌合、人工筑铺、用草袋覆盖洒水养护。

5) 设计侧缘石长 50cm；采用切缝机钢锯片。

6) 工程采用材料单价如表 2-3。

工程材料单价表　　　　　　　　　　　　　　　　　　　　　　　表 2-3

序号	材料名称	单价	序号	材料名称	单价
1	粗粒式沥青混凝土	360 元/m³	4	侧缘石	5.0 元/片
2	细粒式沥青混凝土	420 元/m³	5	切缝机钢锯片	23 元/片
3	4.5MPa 水泥混凝土	170 元/m³			

试编制综合单价分析表及土石方工程分部分项工程量清单与计价表。

【解】

(1) 编制工程量清单

分部分项工程和单价措施项目清单与计价表见表 2-4。

分部分项工程和单价措施项目清单与计价表　　　　　　　　　　　表 2-4

工程名称：某市一号道路工程　　　　　标段：K0＋000～K0＋135　　　　第 1 页　共 1 页

序号	项目编号	项目名称	项目特征描述	计量单位	工程量	金额/元	
						综合单价	合价
1	040202010001	卵石	卵石厚度：20cm	m²	1000		
2	040202006001	石灰、粉煤灰、碎（砾）石	1. 配合比：石灰炉渣 2.5:7.5 2. 厚度：20cm	m²	350		

续表

序号	项目编号	项目名称	项目特征描述	计量单位	工程量	金额/元 综合单价	合价
3	040202006002	石灰、粉煤灰、碎（砾）石	1. 配合比：石灰炉渣2.5∶7.5 2. 厚度：18cm	m²	1000		
4	040203006001	沥青混凝土	1. 沥青品种：石油沥青 2. 石料粒径：最大粒径5cm 3. 厚度：4cm	m²	1000		
5	040203006002	沥青混凝土	1. 沥青品种：石油沥青 2. 石料粒径：最大粒径3cm 3. 厚度：2cm	m²	1000		
6	040203007001	水泥混凝土	1. 混凝土强度：4.5MPa 2. 厚度：22cm	m²	350		
7	040204004001	安砌侧（平、缘）石	材料品种：侧缘石	m	270		
合计							

（2）工程量清单计价编制

管理费费率取值为直接费的14％，利率取值为直接费的7％。

工程量清单综合单价分析表见表2-5～表2-11。分部分项工程和单价措施项目清单与计价表见表2-12。

综合单价分析表（一） 表2-5

工程名称：某市一号道路工程 标段：K0+000～K0+100 第1页 共7页

项目编码	040202010001		项目名称		卵石		计量单位		m²	工程量		1000

清单综合单价组成明细

定额编号	定额名称	定额单位	数量	单价 人工费	材料费	机械费	管理费和利润	合价 人工费	材料费	机械费	管理费和利润
2-185	卵石	100m²	0.011	272.79	1172.37	63.29	316.775	3.0	12.896	0.696	3.485

人工单价		小计				3.0	12.896	0.696	3.485
22.47 元/工日		未计价材料费					11.74		
	清单项目综合单价						31.82		

材料费明细	主要材料名称、规格、型号	单位	数量	单价/元	合价/元	暂估单价/元	暂估合价/元
	卵石、杂色	m³	0.24	43.96	10.55		
	中粗砂	m³	0.027	44.23	1.19		
	其他材料费			—		—	
	材料费小计			—	11.74	—	

52

工程名称：某市一号道路工程　　　标段：K0＋100～K0＋135　　　第 2 共 7 页

| 项目编码 | 040202006001 | 项目名称 | 石灰、粉煤灰、碎（砾）石 | 计量单位 | m² | 工程量 | 350 |

清单综合单价组成明细

定额编号	定额名称	定额单位	数量	单价				合价			
				人工费	材料费	机械费	管理费和利润	人工费	材料费	机械费	管理费和利润
2-151	石灰炉渣 2.5：7.5 厚 20cm	100m²	0.01	91.68	1748.98	157.89	419.7	0.917	17.49	1.58	4.2
2-177	顶层多合土养生	100m²	0.01	1.57	0.66	10.52	2.678	0.016	0.0066	0.1052	0.027
人工单价			小计					0.933	17.497	0.696	4.227
22.47 元/工日			未计价材料费					16.82			
清单项目综合单价								40.17			

	主要材料名称、规格、型号		单位	数量	单价/元	合价/元	暂估单价/元	暂估合价/元
材料费明细	生石灰		t	0.06	120.00	7.2		
	炉渣		m³	0.24	39.97	9.59		
	水		m³	0.06	0.45	0.03		
	其他材料费					—		—
	材料费小计					—	16.82	

工程名称：某市一号道路工程　　　标段：K0＋100～K0＋135　　　第 3 页 共 7 页

| 项目编码 | 040202006002 | 项目名称 | 石灰、粉煤灰、碎（砾）石 | 计量单位 | m³ | 工程量 | 1000 |

清单综合单价组成明细

定额编号	定额名称	定额单位	数量	单价				合价			
				人工费	材料费	机械费	管理费和利润	人工费	材料费	机械费	管理费和利润
2-151	石灰炉渣 2.5：7.5 厚 20cm	100m²	0.011	91.68	1748.98	157.89	419.7	0.917	17.49	1.58	4.2
2-152	石灰炉渣 2.5：7.5 厚减 2cm	100m²	0.011	−2.92	−87.28	−0.83	−19.116	−0.064	−0.192	−0.018	−0.42
2-177	顶层多合土养生	100m²	0.011	1.57	0.66	10.52	2.678	0.0157	0.0066	0.1052	0.027
人工单价			小计					0.8687	17.29	1.6672	3.8
22.47 元/工日			未计价材料费					16.02			
清单项目综合单价								39.65			

	主要材料名称、规格、型号		单位	数量	单价/元	合价/元	暂估单价/元	暂估合价/元
材料费明细	生石灰		t	0.06	120.00	7.2		
	中粗砂		m³	0.22	39.97	8.79		
	水		m³	0.06	0.45	0.03		
	其他材料费					—		—
	材料费小计					—	16.02	

工程名称：某市一号道路工程　　　　标段：K0＋000～K0＋100　　　　第 4 页　共 7 页

| 项目编码 | 040203006001 | 项目名称 | 沥青混凝土 | 计量单位 | m² | 工程量 | 1000 |

清单综合单价组成明细

定额编号	定额名称	定额单位	数量	单价				合价			
				人工费	材料费	机械费	管理费和利润	人工费	材料费	机械费	管理费和利润
2-267	粗粒式沥青混凝土路面	100m²	0.01	49.43	12.30	146.72	43.77	0.49	0.123	1.47	0.437
2-249	喷洒沥青油料	100m²	0.01	1.8	146.33	19.11	35.12	0.018	1.463	0.1911	0.351
人工单价			小计					0.508	1.586	1.6611	0.788
22.47元/工日			未计价材料费					14.4			
清单项目综合单价								18.94			

材料费明细	主要材料名称、规格、型号	单位	数量	单价/元	合价/元	暂估单价/元	暂估合价/元
	粗粒式沥青混凝土	m³	0.04	360	14.4		
	其他材料费				—		—
	材料费小计				—	14.4	—

工程名称：某市一号道路工程　　　　标段：K0＋100～K0＋100　　　　第 5 页　共 7 页

| 项目编码 | 040203006002 | 项目名称 | 沥青混凝土 | 计量单位 | m² | 工程量 | 1000 |

清单综合单价组成明细

定额编号	定额名称	定额单位	数量	单价				合价			
				人工费	材料费	机械费	管理费和利润	人工费	材料费	机械费	管理费和利润
2-284	细粒式沥青混凝土	100m²	0.01	37.08	6.24	78.74	25.63	0.37	0.624	0.787	0.256
人工单价			小计					0.37	0.624	0.787	0.256
22.47元/工日			未计价材料费					8.4			
清单项目综合单价								10.44			

材料费明细	主要材料名称、规格、型号	单位	数量	单价/元	合价/元	暂估单价/元	暂估合价/元
	细（微）粒式沥青混凝土	m³	0.02	420	8.4		
	其他材料费				—		—
	材料费小计				—	8.4	—

综合单价分析表（六）

表 2-10

工程名称：某市一号道路工程　　　　标段：K0＋000～K0＋135　　　　第 6 页　共 7 页

项目编码	040203007001	目名称	水泥混凝土	计量单位	m²	工程量	350

清单综合单价组成明细

定额编号	定额名称	定额单位	数量	单价 人工费	单价 材料费	单价 机械费	单价 管理费和利润	合价 人工费	合价 材料费	合价 机械费	合价 管理费和利润
2-290	水泥混凝土路面	100m²	0.01	814.54	138.65	92.52	219.6	8.145	1.3865	0.9252	2.196
2-294	伸缝	100m²	0.007	77.75	756.66	—	175.23	0.544	5.3		1.227
2-298	锯缝机锯缝	100m²	0.057	14.38	—	8.14	4.73	0.8197		0.464	0.2696
2-300	混凝土路面养护（草袋）	100m²	0.01	25.84	106.59	—	27.81	0.258	1.066		0.278
人工单价		小计						9.7667	7.7525	1.3892	3.9706
22.47 元/工日		未计价材料费						37.561			
清单项目综合单价								60.44			

材料费明细	主要材料名称、规格、型号	单位	数量	单价/元	合价/元	暂估单价/元	暂估合价/元
	4.5MPa 水泥混凝土	m³	0.22	170	37.4		
	钢锯片	片	0.007	23	0.161		
	其他材料费				—		
	材料费小计				37.561		

综合单价分析表（七）

表 2-11

工程名称：某市一号道路工程　　　　标段：K0＋000～K0＋135　　　　第 7 页　共 7 页

项目编码	040204004001	项目名称	安砌侧（平、缘）石	计量单位	m	工程量	270

清单综合单价组成明细

定额编号	定额名称	定额单位	数量	单价 人工费	单价 材料费	单价 机械费	单价 管理费和利润	合价 人工费	合价 材料费	合价 机械费	合价 管理费和利润
2-331	砂垫层	100m²	0.01	13.93	57.42	—	14.983	0.1393	0.5742	—	0.1498
2-334	混凝土缘石	100m	0.01	114.6	34.19	—	31.246	1.146	0.3419	—	0.3125
人工单价		小计						1.2853	0.9161	—	0.4623
22.47 元/工日		未计价材料费						5.1			
清单项目综合单价								7.76			

材料费明细	主要材料名称、规格、型号	单位	数量	单价/元	合价/元	暂估单价/元	暂估合价/元
	混凝土侧石	m	1.02	5.00	5.1		
	其他材料费				—		
	材料费小计				5.1		

工程名称：某市一号道路工程　　　　　　　　标段：K0+000～K0+135　　　　第 1 页　共 1 页

序号	项目编号	项目名称	项目特征描述	计量单位	工程数量	金额/元	
						综合单价	合价
1	040202010001	卵石	卵石厚度：20cm	m²	1000	31.82	31820
2	040202006001	石灰、粉煤灰、碎（砾）石	1. 配合比：石灰炉渣 2.5：7.5 2. 厚度：20cm	m²	350	40.17	14059.5
3	040202006002	石灰、粉煤灰、碎（砾）石	1. 配合比：石灰炉渣 2.5：7.5 2. 厚度：18cm	m²	1000	39.65	39650
4	040203006001	沥青混凝土	1. 沥青品种：石油沥青 2. 石料粒径：最大粒径 5cm 3. 厚度：4cm	m²	1000	18.94	18940
5	040203006002	沥青混凝土	1. 沥青品种：石油沥青 2. 石料粒径：最大粒径 3cm 3. 厚度：2cm	m²	1000	10.44	10440
6	040203007001	水泥混凝土	1. 混凝土强度：4.5MPa 2. 厚度：22cm	m²	350	60.44	21154
7	040204004001	安砌侧（平、缘）石	材料品种：侧缘石	m	270	7.76	2095.2
			合计				138158.7

3 桥涵工程手工算量与实例精析

3.1 桥涵工程工程量手算方法

3.1.1 桥涵基础工程工程量

1. 预制钢筋混凝土方桩、管桩

（1）清单工程量

1）计算公式

$$工程量 = 图示长度 \quad （m）$$

或

$$V = L \times S \quad （m^3）$$

式中　V——钢筋混凝土桩工程量，m^3；

　　　L——桩长度（包括桩尖长度），m；

　　　S——桩横断面面积，m^2。

或

$$工程量 = 图示数量 \quad （根）$$

2）工程量计算规则

① 按设计图示尺寸以桩长（包括桩尖）计算，以"米"计量。

② 按设计图示桩长（包括桩尖）乘以桩的断面积计算，以"立方米"计量。

③ 按设计图示数量计算，以根计量。

（2）定额工程量

1）计算公式

$$V = V_1 - V_2 \quad （m^3）$$

式中　V——钢筋混凝土管桩工程量，m^3；

　　　V_1——管桩体积，m^3；

　　　V_2——空心部分体积，m^3。

2）工程量计算规则

钢筋混凝土管桩按桩长度（包括桩尖长度）乘以桩横断面面积，减去空心部分体积计算。

2. 钢管桩

（1）计算公式

$$m = \rho \times V \quad （t）$$

式中　m——工程量，t；

　　　ρ——钢金属密度，kg/m^3；

V——图示体积，m^3。

或

$$工程量 = 图示数量 \quad （根）$$

（2）工程量计算规则

1）按设计图示尺寸以质量计算，以"吨"计量。

2）按设计图示数量计算，以根计量。

3. 钢筋成孔灌注桩

（1）计算公式

$$V = \pi \left(\frac{R}{2} \right)^2 \times h \times n \times c \quad （m^3）$$

式中　V——钢筋成孔灌注桩工程量，m^3；

　　　R——管桩外径，m；

　　　h——桩深，m；

　　　n——钢筋成孔灌注桩根数；

　　　c——复打次数。

（2）工程量计算规则

钢筋混凝土管桩按桩深乘以桩横断面面积以体积计算。（打多根灌注桩时，需乘以根数；钢筋成孔灌注桩采用复打时，定额工程量乘以复打次数）。

4. 泥浆护壁成孔灌注桩

（1）计算公式

$$工程量 = 图示长度 \quad （m）$$

或

$$工程量 = 桩截面积 \times 桩长 \quad （m^3）$$

或

$$工程量 = 图示数量 \quad （根）$$

（2）工程量计算规则

1）按设计图示尺寸以桩长（包括桩尖）计算，以米计量。

2）按不同截面在桩长范围内以体积计算，以立方米计量。

3）按设计图示数量计算，以根计量。

5. 沉管灌注桩、干作业成孔灌注桩

（1）计算公式

$$工程量 = 图示长度(包括桩尖) \quad （m）$$

或

$$工程量 = 桩断面积 \times 桩长(包括桩尖) \quad （m^3）$$

或

$$工程量 = 图示数量 \quad （根）$$

（2）工程量计算规则

1）按设计图示尺寸以桩长（包括桩尖）计算，以米计量。

2）按设计图示桩长（包括桩尖）乘以桩的断面积计算，以立方米计量。

3）按设计图示数量计算，以根计量。

6. 人工挖孔灌注桩

（1）计算公式

$$工程量 = 桩芯截面积 \times 桩芯长度 \quad （m^3）$$

（2）工程量计算规则

1）按桩芯混凝土体积计算，以立方米计量。

2）按设计图示数量计算，以根计量。

7. 钻孔压浆桩

（1）计算公式

$$工程量 = 图示长度 \quad （m）$$

或

$$工程量 = 图示数量 \quad （根）$$

（2）工程量计算规则

1）按设计图示尺寸以桩长计算，以米计量。

2）按设计图示数量计算，以根计量。

8. 灌注桩后注浆

（1）计算公式

$$工程量 = 图示数量 \quad （孔）$$

（2）工程量计算规则

灌注桩后注浆工程量按设计图示以注浆孔数计算。

9. 截桩头

（1）计算公式

$$工程量 = 桩截面积 \times 桩头长度 \quad （m^3）$$

或

$$工程量 = 图示数量 \quad （根）$$

（2）工程量计算规则

1）按设计桩截面乘以桩头长度以体积计算，以立方米计量。

2）按设计图示数量计算，以根计量。

10. 声测管

（1）计算公式

$$m = \rho \times V \quad （t）$$

式中　m——工程量，t；

　　　ρ——声测管密度，kg/m³；

　　　V——声测管图示体积，m³。

或

$$工程量 = 图示长度 \quad （m）$$

（2）工程量计算规则

1）按设计图示尺寸以质量计算。

2）按设计图示尺寸以长度计算。

11. 圆木桩

（1）计算公式

$$工程量 = 图示桩长（包括桩尖）\quad（m）$$

或

$$工程量 = 图示数量\quad（根）$$

（2）工程量计算规则

1）按设计图示尺寸以桩长（包括桩尖）计算，以米计量。

2）按设计图示数量计算，以根计量。

12. 预制钢筋混凝土板桩

（1）计算公式

$$V = L \times S\quad（m^3）$$

式中　V——钢筋混凝土板桩工程量，m^3；

　　　L——桩长度（包括桩尖长度），m；

　　　S——桩横断面面积，m^2。

或

$$工程量 = 图示数量\quad（根）$$

（2）工程量计算规则

1）按设计图示桩长（包括桩尖）乘以桩的断面积计算，以立方米计量。

2）按设计图示数量计算，以根计量。

13. 地下连续墙

（1）计算公式

$$V = L \times C \times H\quad（m^3）$$

式中　V——地下连续墙体积，m^3；

　　　L——图示墙中心线长度，m；

　　　C——图示墙厚度，m；

　　　H——槽深，m。

（2）工程量计算规则

地下连续墙工程量按设计图示墙中心线长乘以厚度乘以槽深，以体积计算。

14. 咬合灌注桩

（1）计算公式

$$工程量 = 图示桩长\quad（m）$$

或

$$工程量 = 图示数量\quad（根）$$

（2）工程量计算规则

1）按设计图示尺寸以桩长计算，以米计量。

2）按设计图示数量计算，以根计量。

15. 型钢水泥土搅拌墙

（1）计算公式

$$工程量 = 墙体长 \times 墙体厚 \times 墙体高\quad（m^3）$$

（2）工程量计算规则

型钢水泥土搅拌墙工程量按设计图示尺寸以体积计算。

16. 锚杆（索）、土钉

（1）计算公式

$$工程量 = 图示钻孔深度 \quad （m）$$

或

$$工程量 = 图示数量 \quad （根）$$

（2）工程量计算规则

1）按设计图示尺寸以钻孔深度计算，以米计量。

2）按设计图示数量计算，以根计量。

17. 喷射混凝土

（1）计算公式

$$工程量 = 图示面积 \quad （m^2）$$

（2）工程量计算规则

喷射混凝土工程量按设计图示尺寸以面积计算。

3.1.2 混凝土构件与砌筑工程工程量

1. 现浇混凝土构件

（1）计算公式

$$V = h \times S \quad （m^3）$$

式中 V——工程量，m^3；

h——构件高度（厚度），m；

S——构件横断面面积，m^2。

（2）工程量计算规则

现浇混凝土垫层、基础、承台、墩（台）帽、墩（台）身、支撑梁及横梁、墩（台）盖梁、拱桥拱座、拱桥拱肋、拱上构件、箱梁、连续板、板梁、板拱、挡墙墙身、挡墙压顶、桥头搭板、搭板枕梁、桥塔身、连系梁工程量按设计图示尺寸以面积计算。

1）实体桥墩组成如图 3-1 所示，常用的轻型桥墩形式如图 3-2 所示。

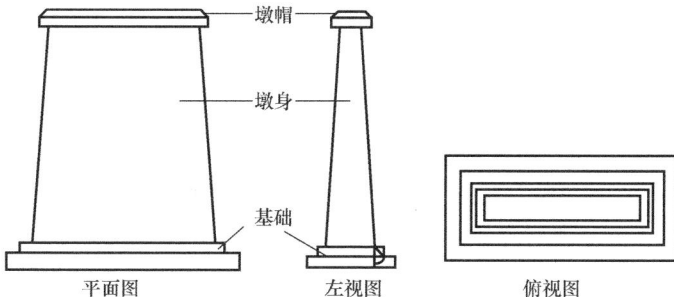

图 3-1 实体桥墩组成

图 3-2　常用的轻型桥墩形式

2）石砌桥墩墩帽模板如图 3-3 所示，混凝土桥墩墩帽模板如图 3-4 所示。

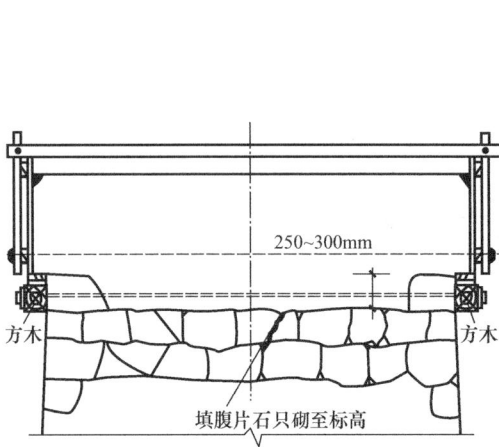

图 3-3　石砌桥墩墩帽模板

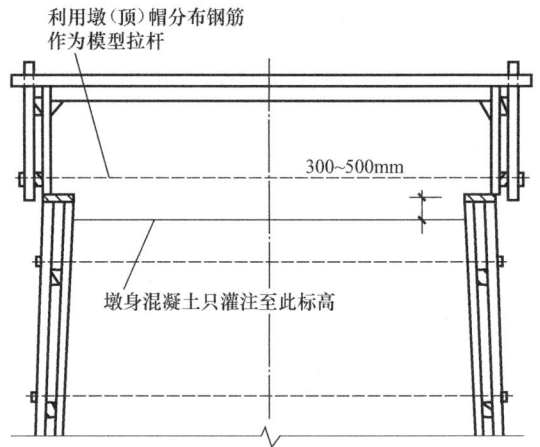

图 3-4　混凝土桥墩墩帽模板

2. 现浇混凝土楼梯

（1）计算公式

$$S = L \times B \quad (\text{m}^2)$$

式中　S——水平投影面积，m^2；

　　　L——水平投影长度，m；

　　　B——水平投影宽度，m。

（2）工程量计算规则

现浇混凝土楼梯工程量按设计图示尺寸以水平投影面积计算，以平方米计量。

现浇混凝土楼梯的类型如图 3-5 所示。

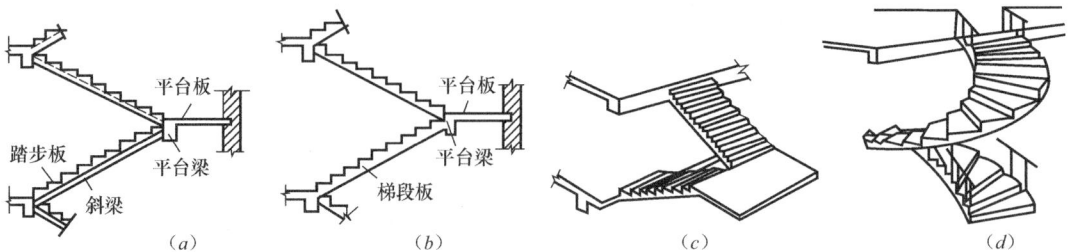

图 3-5　楼梯类型

（a）梁式楼梯；（b）板式楼梯；（c）剪刀式楼梯；（d）螺旋式楼梯

3. 现浇混凝土防撞护栏

（1）清单工程量

1）计算公式

$$工程量 = 图示长度 \quad (m)$$

2）工程量计算规则

混凝土防撞护栏工程量按设计图示尺寸以长度计算。

（2）定额工程量

1）计算公式

$$V = V_1 - V_2 \quad (m^3)$$

式中　V——混凝土防撞护栏工程量，m^3；

V_1——护栏体积，m^3；

V_2——空心部分体积，m^3。

2）工程量计算规则

混凝土防撞护栏工程量按其实际体积计算（减去空心部分体积）。

4. 预制混凝土构件

（1）计算公式

$$V = h \times S \quad (m^3)$$

式中　V——构件工程量，m^3；

h——构件高度（厚度），m；

S——构件横断面面积，m^2。

（2）工程量计算规则

预制混凝土梁、柱、板、挡土墙墙身及其他构件工程量按设计图示尺寸以体积计算。

5. 垫层、干砌（浆砌）块料、砖砌体

（1）计算公式

$$V = h \times S \quad (m^3)$$

式中　V——工程量，m^3；

h——高度（厚度），m；

S——横断面面积，m^2。

（2）工程量计算规则

垫层、干砌块料、浆砌块料、砖砌体工程量按设计图示尺寸以体积计算。

6. 护坡

（1）计算公式

$$工程量 = 图示面积 \quad (m^2)$$

（2）工程量计算规则

护坡工程量按设计图示尺寸以面积计算。

3.1.3 立交箱涵工程量

1. 箱涵滑板、底板、侧墙、顶板

（1）计算公式

$$V = h \times S \quad (m^3)$$

式中　V——工程量，m^3；

h——高度（厚度），m；

S——横断面面积，m^2。

（2）工程量计算规则

箱涵滑板、箱涵底板、箱涵侧墙、箱涵顶板工程量按设计图示尺寸以体积计算。

2. 箱涵顶进

（1）计算公式

工程量 = 箱涵顶进体积×箱涵材料密度×箱涵位移距离 　（kt·m）

（2）工程量计算规则

箱涵顶进工程量按设计图示尺寸以被顶箱涵的质量，乘以箱涵的位移距离分节累计计算。

3. 箱涵接缝

（1）计算公式

工程量 = 图示止水带长度 　（m）

（2）工程量计算规则

箱涵接缝工程量按设计图示止水带长度计算。

4. 透水管

（1）计算公式

工程量 = 图示长度 　（m）

（2）工程量计算规则

透水管工程量按设计图示尺寸以长度计算。

3.1.4 钢结构工程量

1. 钢构件

（1）计算公式

$$m = \rho \times V \quad (t)$$

式中　m——工程量，t；

ρ——钢金属密度，kg/m^3；

V——图示体积，m^3。

（2）工程量计算规则

钢箱梁、钢板梁、钢桁梁、钢拱、劲性钢结构、钢结构叠合梁、其他钢构件工程量按设计图示尺寸以质量计算。不扣除孔眼的质量，焊条、铆钉、螺栓等不另增加质量。

2. 钢拉索、钢拉杆

（1）计算公式

$$m = \rho \times V \quad (t)$$

式中 m——工程量，t；

ρ——钢金属密度，kg/m^3；

V——图示体积，m^3。

（2）工程量计算规则

钢拉索、钢拉杆工程量按设计图示尺寸以质量计算。

3.1.5 装饰工程量

1. 面层与涂料

（1）计算公式

$$工程量 = 图示面积 \quad (m^2)$$

（2）工程量计算规则

水泥砂浆抹面、剁斧石饰面、镶贴面层、涂料工程量按设计图示尺寸以面积计算。

2. 装饰油漆（金属面）

（1）清单工程量

1）计算公式

$$工程量 = 图示面积 \quad (m^2)$$

2）工程量计算规则

装饰油漆（金属面）工程量按设计图示尺寸以面积计算。

（2）定额工程量

1）计算公式

$$m = s \times m_1 \quad (t)$$

式中 m——工程量，t；

s——图示面积，m^2；

m_1——每平方米需油漆量，t/m^2。

2）工程量计算规则

装饰工程油漆面油漆以 t 计算。

3.1.6 其他工程工程量

1. 金属栏杆

（1）计算公式

$$m = \rho \times V \quad (t)$$

式中 m——金属栏杆工程量，t；

ρ——金属密度，kg/m^3；

V——图示栏杆体积，m^3。

或

$$工程量 = 图示长度 \quad (m)$$

（2）工程量计算规则及说明

1）按设计图示尺寸以质量计算。

2）按设计图示尺寸以延长米计算。

3）栏杆多采用方钢、圆钢、钢管或扁钢等材料，并可焊接或铆接一成各种图案，既起防护作用，又起装饰作用。栏杆的主要形式及组成如图 3-6 所示。

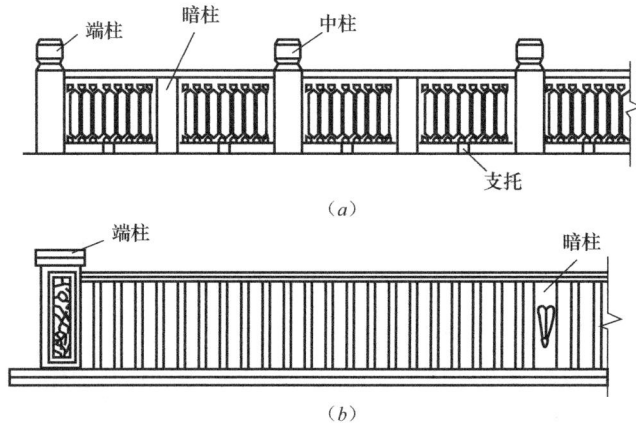

（a）

（b）

图 3-6　栏杆的主要形式及组成
（a）节间式栏杆；（b）连续式栏杆

4）桥梁护栏的分类应符合表 3-1 的规定。

桥梁护栏的分类

表 3-1

设置位置	防撞等级	构造特征	埋置方式	桥梁护栏代号
桥侧	PL_1		混凝土中	B_P-PL_1-B
			法兰盘	B_P-PL_1-F_P
			传力钢筋	B_P-PL_1-R
			传力钢筋	B_{cw}-PL_1-R
			传力钢筋	C_m-PL_1-R
	PL_2		传力钢筋	C_m-PL_2-R
			混凝土中	B_P-PL_2-B
			法兰盘	B_P-PL_2-F_P

设置位置	防撞等级	构造特征	埋置方式	桥梁护栏代号
桥侧	PL_2	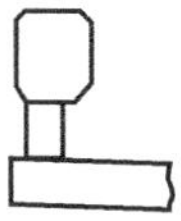	传力钢筋	B_P-PL_2-R
		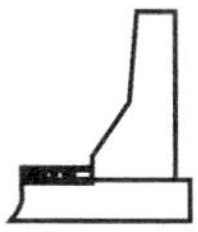	传力钢筋	R_{cw}-PL_2-R
	PL_3	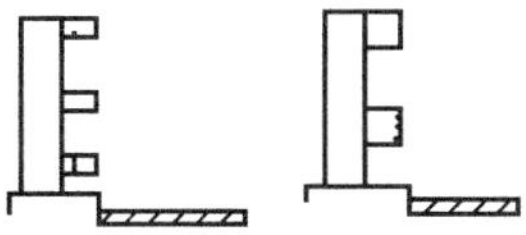	混凝土中	B_P-PL_3-B
			法兰盘	B_P-PL_3-F_P
		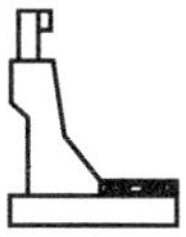	传力钢筋	C_m-PL_3-R
中央分隔带	PL_1	按本表"桥侧"栏		
	PL_2	按本表"桥侧"栏		
	PL_3	按本表"桥侧"栏		
人车行道道分与界行处	PL_1	按本表"桥侧"栏		
	PL_2	按本表"桥侧"栏		

5) 金属制梁柱式护栏常用的横梁形式见表 3-2。

常用的横梁形式 表 3-2

材料 \ 分类	空心断面	波 形	其 他
钢制	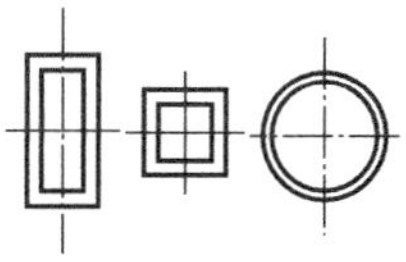	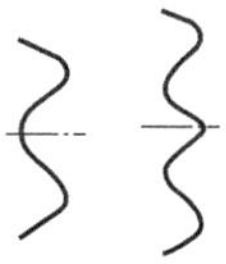	特殊断面
铝合金制	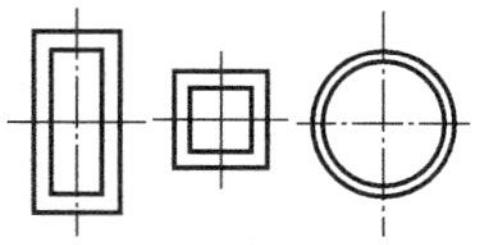	—	特殊断面

注：横梁的标准长度为 400cm。

6) 金属制梁柱式护栏常用的立柱断面形式见表 3-3。

常用的立柱断面形式 表 3-3

材料 \ 分类	立柱断面形式	说 明
钢制	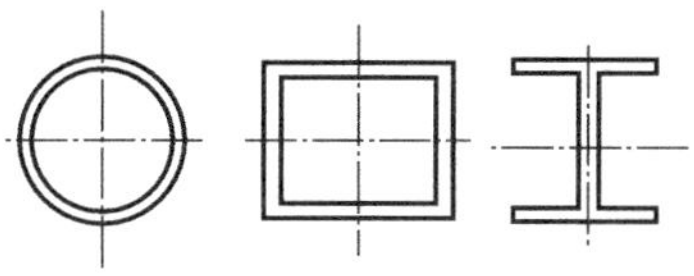	特殊断面

分类 材料	立柱断面形式	说　明
铝合金制		特殊断面

注：立柱的标准间距为200cm或400cm。

7) 当护轮安全带高度 D 小于10cm，且没有超出护栏面（$H=0$）时，防撞等级为 PL_3、PL_2、PL_1 的金属制护栏的构造要求如图3-7和表3-4、表3-5。

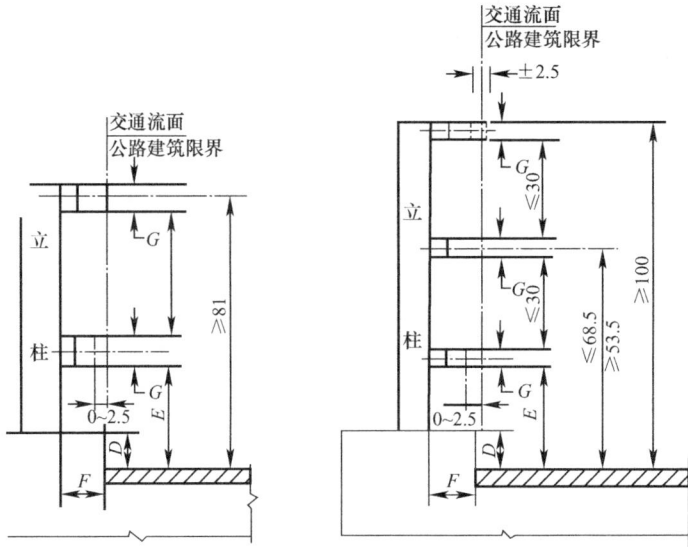

图3-7　金属制桥梁护栏（$D<10cm$）（单位：cm）

PL_3、PL_2 桥梁护栏　表3-4

参数 类型	D（cm）	E（cm）	F（cm）	G（cm）
三横梁	5～10	≤30	≥15	≥5
双横梁	5～10	≤35	≥20	≥10

PL_1 桥梁护栏　表3-5

参数 类型	D（cm）	E（cm）	F（cm）	G（cm）
三横梁	0～10	≤30	≥10	≥5
双横梁	0～10	≤35	≥10	≥10

8) 当护轮安全带伸出护栏正面（25cm≤H≤50cm），且护轮安全带高度 D≥25cm 时，防撞等级为 PL_2、PL_1 的护栏构造要求如图3-8和表3-6。

9) 当无护轮安全带或护栏设置在人行道外侧边缘时，防撞等级为 PL_3、PL_2、PL_1 的护栏构造要求如图3-9和表3-7、表3-8。

10) 钢筋混凝土梁柱式护栏的构造要求（防撞等级 PL_2、PL_1）如图3-10所示，构造尺寸见表3-9。

11) 钢筋混凝土墙式护栏的构造如图3-11所示。

12) 组合式护栏的构造要求如图3-12所示。

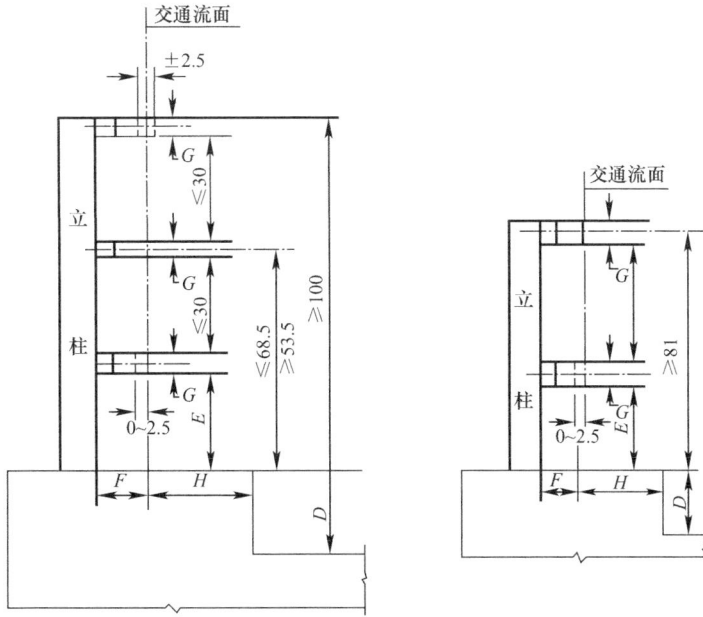

图 3-8　金属制桥梁护栏（$D \geqslant 25$cm）（单位：cm）

		PL₃、PL₂ 护栏			表 3-6

参数 类型	D（cm）	H（cm）	E（cm）	F（cm）	G（cm）
三横梁	$\geqslant 25$	$25\sim 50$	$\leqslant 30$	$\geqslant 15$	$\geqslant 5$
双横梁	$\geqslant 25$	$25\sim 50$	$\leqslant 35$	$\geqslant 20$	$\geqslant 10$

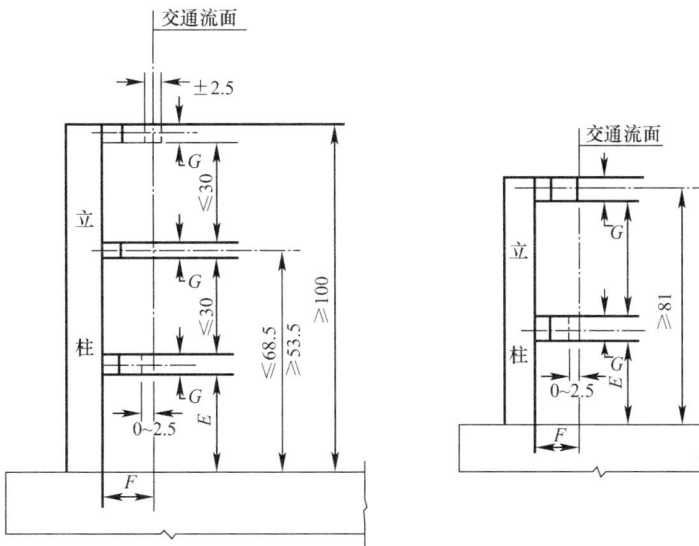

图 3-9　金属制桥梁护栏（$D = 0$）

PL₃、PL₂ 护栏　　表 3-7

类型 \ 参数	E（cm）	F（cm）	G（cm）
三横梁	≤30	≥15	≥5
双横梁	≤35	≥20	≥10

PL₁ 护栏　　表 3-8

类型 \ 参数	E（cm）	F（cm）	G（cm）
三横梁	≤30	≥10	≥5
双横梁	≤35	≥15	≥10

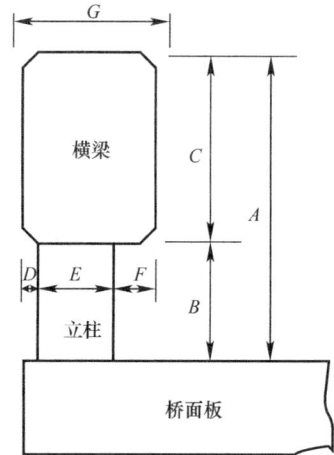

图 3-10　钢筋混凝土梁柱式护栏（单位：mm）

钢筋混凝土梁柱式护栏参数表　　表 3-9

型式 \ 参数	A（cm）	B（cm）	C（cm）	D（cm）	E（cm）	F（cm）	G（cm）
Ⅰ型	80	30	50	4	18	11	33
Ⅱ型	80	33	47	0	15	15	30

注：立柱纵向长度 2m，立柱间净距 2m。

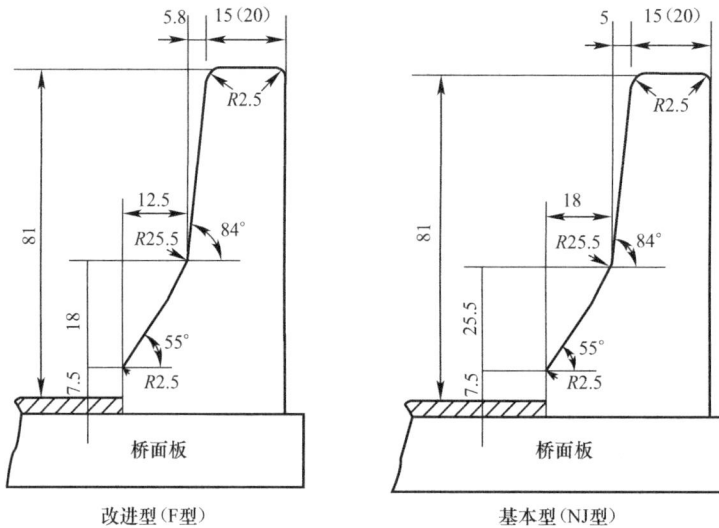

图 3-11　钢筋混凝土墙式护栏（单位：cm）

2. 石质、混凝土栏杆

（1）计算公式

$$工程量 = 图示长度　（m）$$

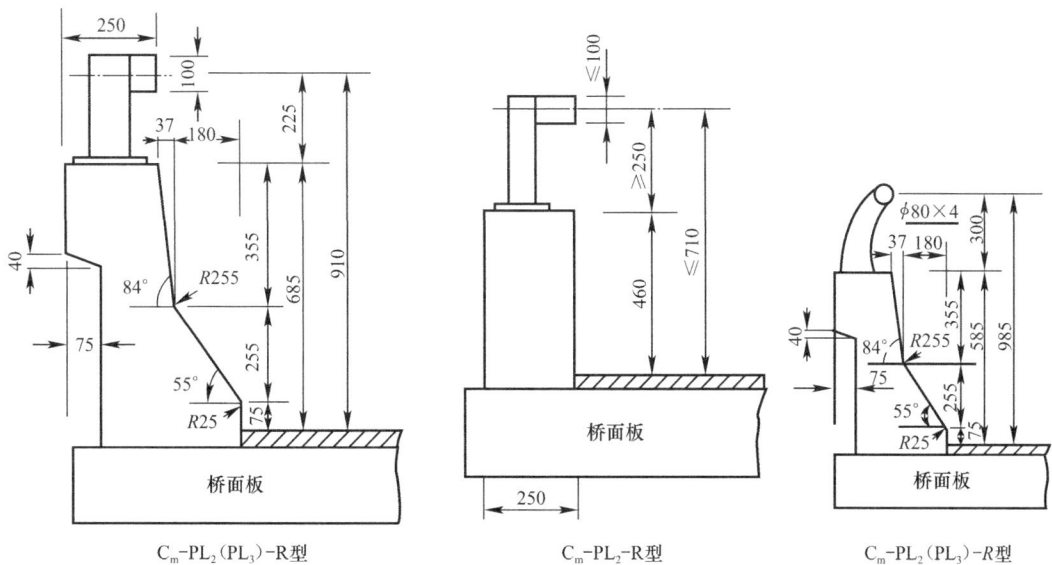

C_m-PL_2(PL_3)-R型   C_m-PL_2-R型   C_m-PL_2(PL_3)-R型

图 3-12　组合式桥梁护栏（单位：mm）

（2）工程量计算规则

石质栏杆、混凝土栏杆工程量按设计图示尺寸以长度计算。

3. 支座

（1）计算公式

$$工程量 = 图示数量 \quad （个）$$

（2）工程量计算规则

橡胶支座、钢支座、盆式支座工程量按设计图示数量计算。

常用的橡胶支座如图 3-13～图 3-16 所示。

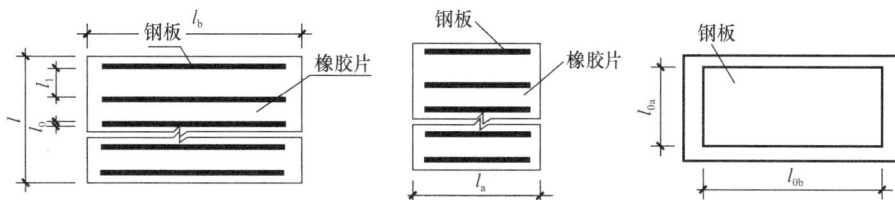

图 3-13　矩形普通板式橡胶支座

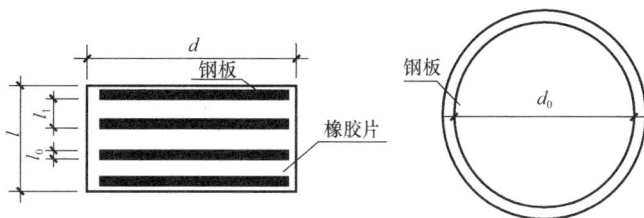

图 3-14　圆形普通板式橡胶支座

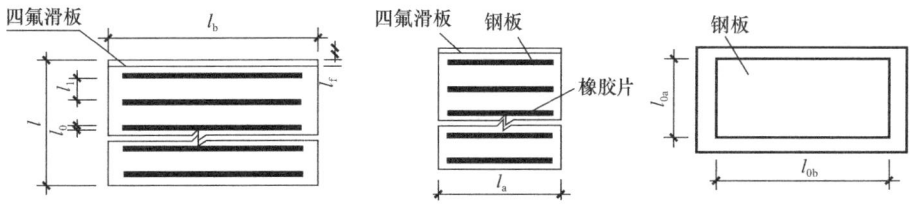

图 3-15 矩形四氟滑板橡胶支座

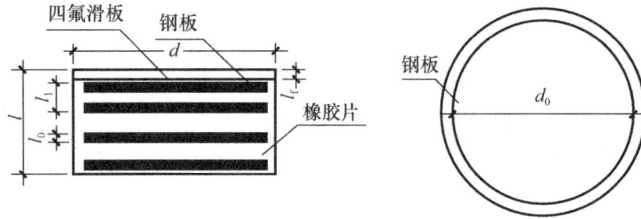

图 3-16 圆形四氟滑板橡胶支座

4. 桥梁伸缩装置

（1）计算公式

$$工程量 = 图示长度 \quad (m)$$

（2）工程量计算规则

桥梁伸缩装置工程量按设计图示尺寸以延长米计算。

常用的伸缩装置示意图如图 3-17～图 3-20 所示。

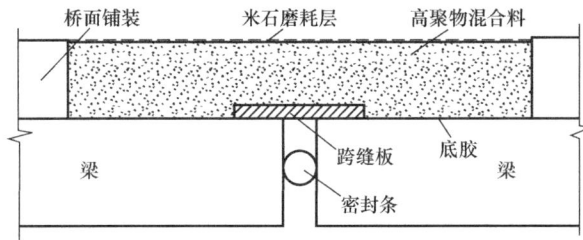

图 3-17 改性沥青填充型伸缩装置示意图

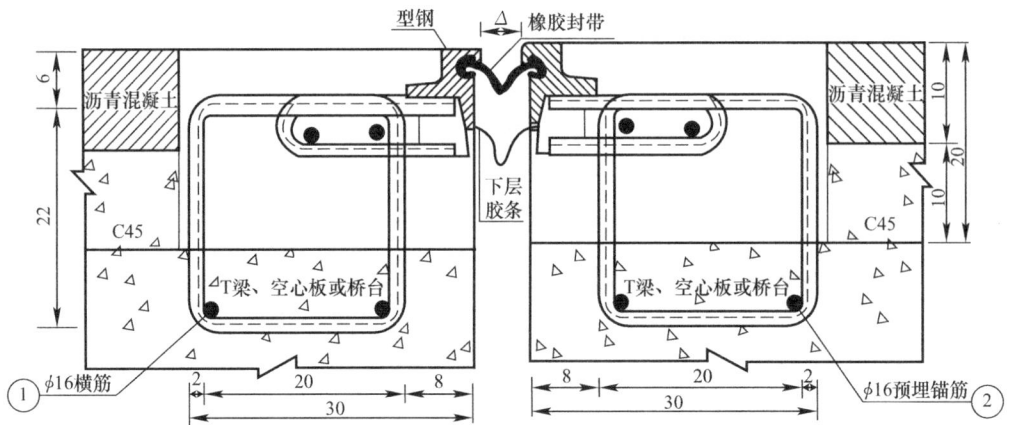

图 3-18 板（梁）式橡胶伸缩装置（单位：cm）

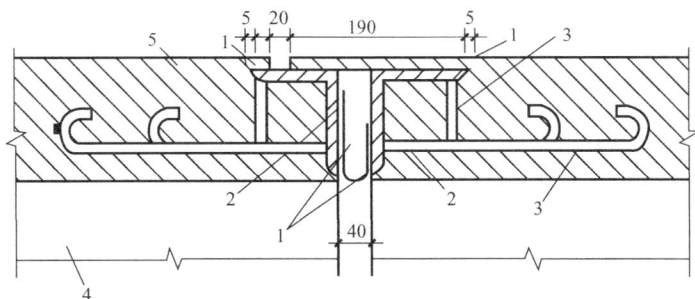

图 3-19　钢板伸缩缝（单位：mm）

1—钢板；2—角钢；3—钢筋；4—行车道块件；5—行车道铺装层

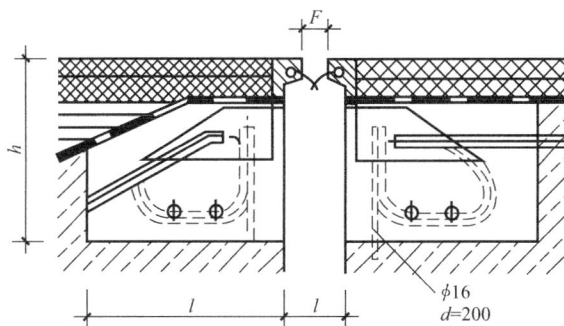

（a）

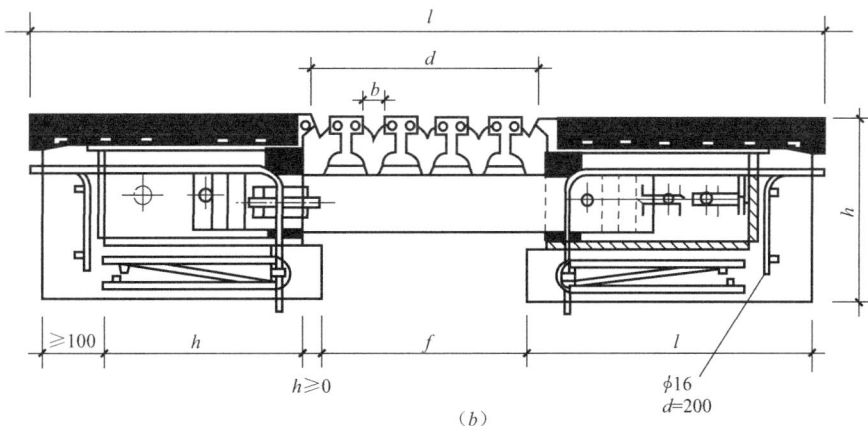

（b）

图 3-20　钢与橡胶组合的模数式伸缩装置（单位：mm）

（a）具有单个密封橡胶带时；（b）具有多个橡胶密封带时

5. 桥面排（泄）水管

（1）清单工程量

1）计算公式

$$工程量 = 图示长度　（m）$$

2）工程量计算规则

桥面排（泄）水管工程量按设计图示以长度计算。

（2）定额工程量

1）计算公式

$$工程量 = 图示体积 \quad （m^3）$$

2）工程量计算规则

桥面排（泄）水管工程量按设计图示以实际体积计算。

金属泄水管构造示意图如图 3-21 所示，钢筋混凝土泄水管构造示意图如图 3-22 所示。

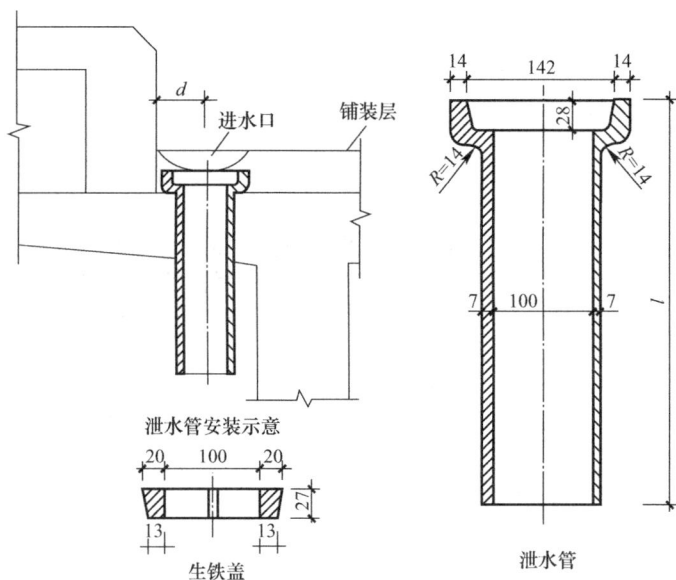

图 3-21　金属泄水管构造（单位：mm）

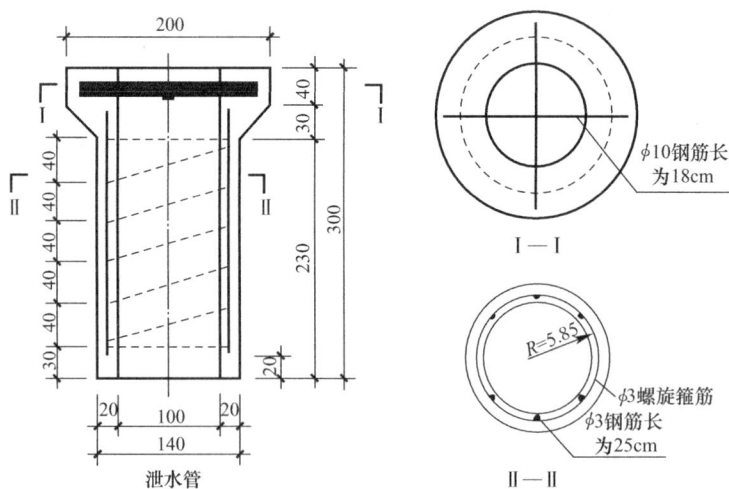

图 3-22　钢筋混凝土泄水管构造（单位：mm）

6. 隔声屏障、防水层

（1）计算公式

$$工程量 = 图示面积 \quad （m^2）$$

（2）工程量计算规则

隔声屏障、防水层工程量按设计图示尺寸以面积计算。

3.2 桥涵工程工程量手算实例解析

【例3-1】 某桥涵工程，采用打桩机打钢筋混凝土板桩，桩长为13500mm，如图3-23所示。求钢筋混凝土板桩工程量。

【解】

钢筋混凝土板桩工程量：

$$V = S \times l$$
$$= 0.25 \times 0.55 \times 13.5$$
$$= 1.86 \text{m}^3$$

【例3-2】 某桥梁工程采用混凝土空心管桩，其管桩尺寸如图3-24所示，求用打桩打混凝土管桩的工程量。

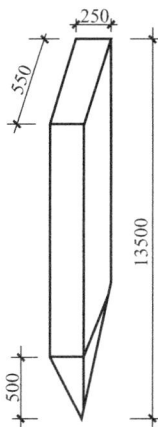

图3-23 钢筋混凝土板桩（单位：mm）　　　　图3-24 混凝土管桩

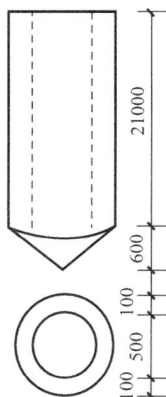

【解】

（1）清单工程量

$$l = 21 + 0.6$$
$$= 21.6 \text{m}$$

（2）定额工程量

1）管柱体积：

$$V_1 = \frac{3.14 \times (0.5 + 0.1 \times 2)^2}{4} \times (21 + 0.6)$$
$$= 8.31 \text{m}^3$$

2）空心部分体积：

$$V_2 = \frac{3.14 \times 0.5^2}{4} \times 21$$
$$= 4.12 \text{m}^3$$

3）空心管桩总体积：

$$V = V_1 - V_2$$
$$= 8.31 - 4.12$$
$$= 4.19\text{m}^3$$

【例 3-3】 如图 3-25 所示为某桥梁双棱形花纹的栏杆，栏杆总长度为 80m，试计算其工程量。

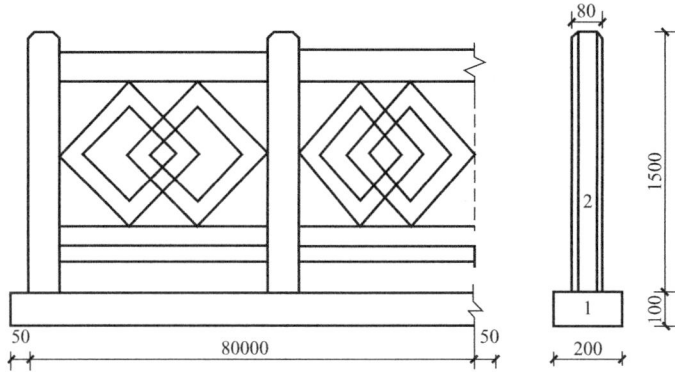

图 3-25 双菱形花纹栏杆

【解】

（1）清单工程量

$$l = 80\text{m}$$

（2）定额工程量

$$V_1 = (80 + 2 \times 0.05) \times 0.1 \times 0.2$$
$$= 1.60\text{m}^3$$
$$V_2 = 80 \times 0.08 \times 1.5$$
$$= 9.60\text{m}^3$$
$$V = V_1 + V_2$$
$$= 1.60 + 9.60$$
$$= 11.20\text{m}^3$$

【例 3-4】 某桥墩盖梁如图 3-26 所示，现场浇筑混凝土施工，求该盖梁混凝土工程量。

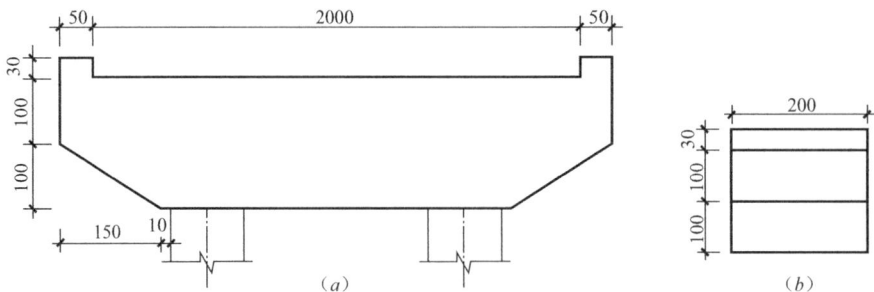

图 3-26 桥墩盖梁示意图（单位：cm）

（a）正立面图；（b）侧立面图

【解】

桥墩盖梁混凝土工程量：

$$V = [(1+1) \times (20+0.5\times2) - 1 \times 1.5 + 0.5 \times 0.3 \times 2] \times 2$$
$$= 81.60\text{m}^3$$

【例 3-5】 某桥梁墩帽如图 3-27 所示，试计算其工程量。

【解】

（1）清单工程量

$$V_1 = 2.5 \times 5.5 \times (0.03+0.05)$$
$$= 1.10\text{m}^3$$

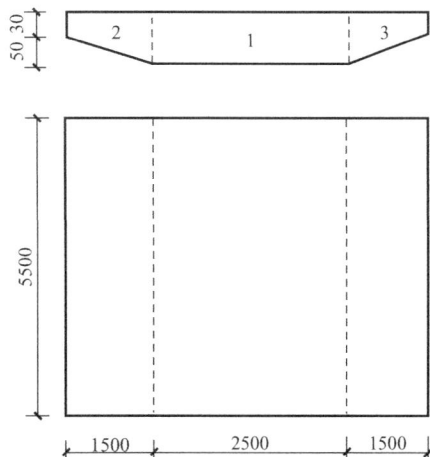

图 3-27 桥梁墩帽

方法一：

$$V_2 = V_3 = \frac{1}{2} \times (0.03+0.08) \times 1.5 \times 5.5$$
$$= 0.45\text{m}^3$$

方法二：

$$V_2 = V_3 = 1.5 \times (0.03+0.05) \times 5.5 - \frac{1}{2} \times 0.05 \times 1.5 \times 5.5$$

$$= 0.45\text{m}^3$$
$$V = V_1 + V_2 + V_3$$
$$= 1.1 + 0.45 + 0.45$$
$$= 2\text{m}^3$$

（2）定额工程量

定额工程量同清单工程量。

【例 3-6】 如图 3-28 所示，某一桥梁桥墩处设了根截面尺寸为 1m×1m 方立柱，立柱设在盖梁与承台之间，立柱高 3.2m，工厂预制生产，求该桥墩立柱的混凝土工程量。

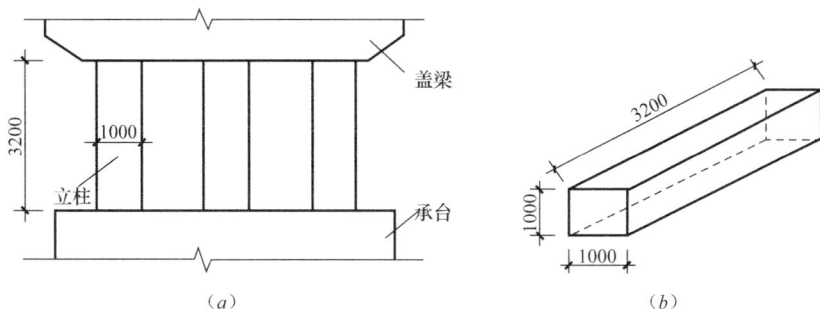

图 3-28 立柱示意图
（a）立面图；（b）立柱大样图

【解】

（1）单根立柱混凝土工程量：

$$V_1 = 1 \times 2 \times 3.2$$
$$= 6.40 \text{m}^3$$

（2）立柱混凝土工程量总计：

$$V = 3 \times 6.40$$
$$= 19.20 \text{m}^3$$

【例 3-7】 某桥梁栏杆立柱及扶手外观尺寸如图 3-29 所示，栏杆布置在桥梁两侧，长 100m，栏杆端部分别有一立柱，高度为 2m，沿栏杆长度范围内立柱间距 4m，其他相关尺寸如图中标注，求该栏杆（包括立柱）的混凝土工程量。

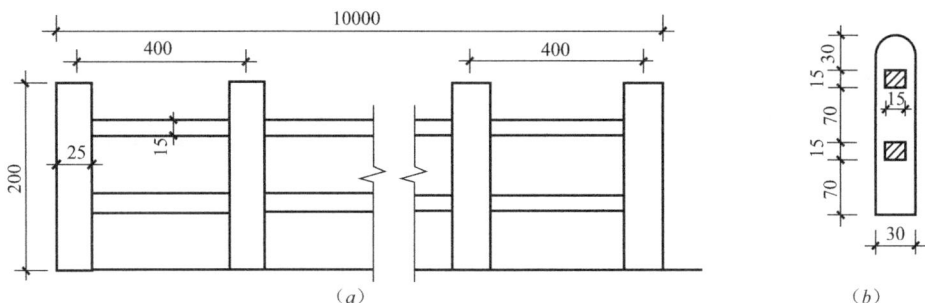

图 3-29 桥梁栏杆示意图（单位：cm）
（a）栏杆立面图；（b）栏杆断面图

【解】

（1）单侧栏杆立柱个数：

$$\frac{100}{4} + 1 = 26 \text{ 个}$$

（2）单个立柱混凝土工程量：

$$V = \left[\frac{\pi}{2} \times 0.3^2 + (2 - 0.3) \times 0.3\right] \times 0.25$$
$$= 0.16 \text{m}^3$$

（3）栏杆扶手混凝土工程量：

$$V = 0.15 \times 0.15 \times (100 - 26 \times 0.25) \times 2$$
$$= 4.21 \text{m}^3$$

（4）栏杆工程量总计：

$$V = 2 \times (26 \times 0.16 + 4.21)$$
$$= 16.74 \text{m}^3$$

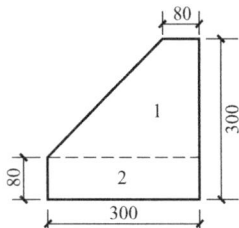

图 3-30 拱桥示意图

【例 3-8】 某拱桥工程采用混凝土拱座，宽 11m，细部构造如图 3-30 所示，计算混凝土拱座的工程量。

【解】

（1）清单工程量

$$V_1 = \frac{1}{2} \times (0.08 + 0.3) \times (0.3 - 0.08) \times 11$$
$$= 0.46 \text{m}^3$$

$$V_2 = 0.3 \times 0.08 \times 11$$
$$= 0.26\text{m}^3$$
$$V = (V_1 + V_2) \times 2$$
$$= (0.46 + 0.26) \times 2$$
$$= 1.44\text{m}^3$$

（2）定额工程量

定额工程量同清单工程量。

【例 3-9】 如图 3-31、图 3-32 所示，某桥梁工程采用干砌块石锥形护坡，厚 50cm，计算锥形护坡干砌块石工程量。

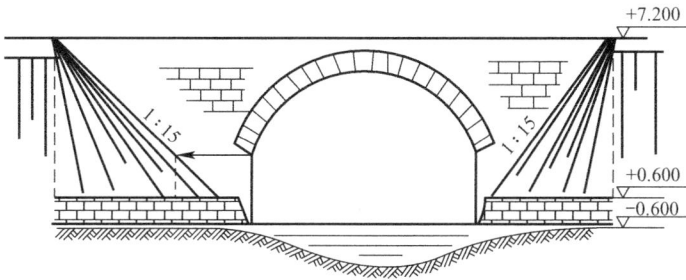

图 3-31 桥梁结构示意图

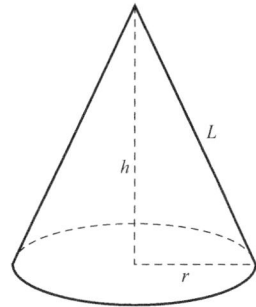

图 3-32 锥形护坡示意图

【解】

（1）锥形护坡：
$$h = 7.2 - 0.6$$
$$= 6.60\text{m}$$
$$r = 6.6 \times 1.5$$
$$= 9.90\text{m}$$
$$L = \sqrt{9.9^2 + 6.6^2}$$
$$= 11.90\text{m}$$

（2）锥形护坡干砌块石工程量：
$$V = \frac{1}{2}\pi \cdot 2rL \times 0.4$$
$$= 3.14 \times 9.90 \times 11.90 \times 0.5$$
$$= 184.96\text{m}^3$$

【例 3-10】 有一跨径为 80m 的桥，采用 T 形桥梁如图 3-33 所示，计算其工程量。

【解】

（1）清单工程量
$$V_1 = 0.3 \times 0.97 \times 80$$
$$= 23.28\text{m}^3$$

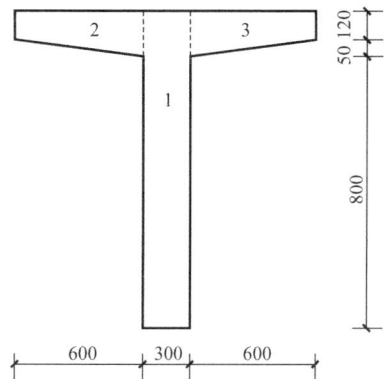

图 3-33 T 形桥梁示意图

$$V_2 = V_3 = (0.12 + 0.17) \times \frac{1}{2} \times 0.6 \times 80$$
$$= 6.96\text{m}^3$$
$$V = V_1 + V_2 + V_3$$
$$= 23.28 + 6.96 + 6.96$$
$$= 37.2\text{m}^3$$

（2）定额工程量

定额工程量同清单工程量。

【例 3-11】 对某城市桥梁进行面层装饰如图 3-34 所示，其行车道采用水泥砂浆抹面，人行道为剁斧石饰面，护栏为镶贴面层，计算各种饰料的工程量。

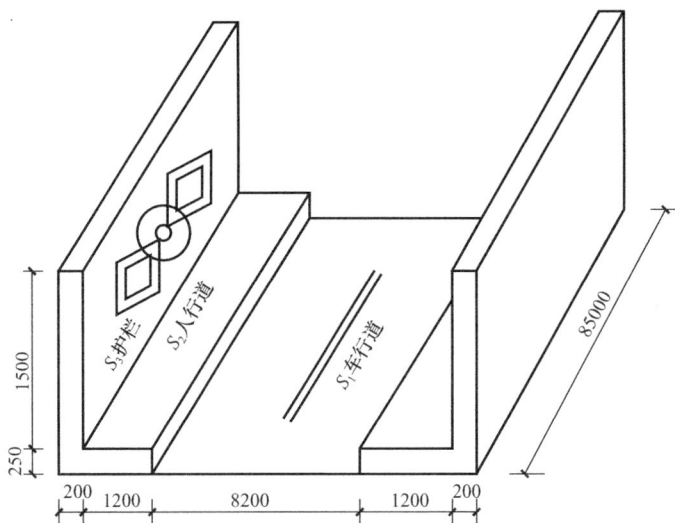

图 3-34 桥梁装饰

【解】

（1）水泥砂浆抹面
$$S_1 = 8.2 \times 85$$
$$= 697\text{m}^2$$

（2）剁斧石砌面
$$S_2 = 2 \times 1.2 \times 85 + 4 \times 1.2 \times 0.25 + 2 \times 0.25 \times 85$$
$$= 247.70\text{m}^2$$

（3）镶贴面层
$$S_3 = 2 \times 1.5 \times 85 + 2 \times 0.2 \times 85 + 4 \times 0.2 \times (1.5 + 0.25)$$
$$= 290.40\text{m}^2$$

【例 3-12】 如图 3-35 所示为某桥梁的防撞栏杆，其中横栏采用直径为 20mm 的钢筋，竖栏直径为 40mm 的钢筋，布设桥梁两边。计算防撞栏杆油漆工程量。

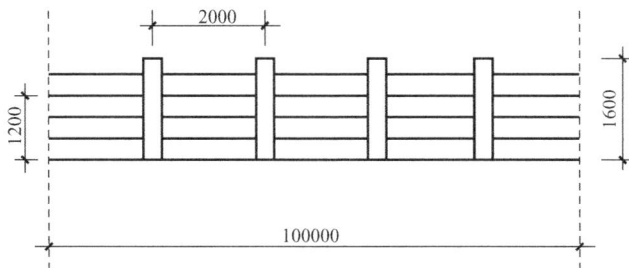

图 3-35 防撞栏杆

【解】

（1）横栏工程量

$$S_{横} = \left[100 - \left(\frac{100}{2} + 1 \right) \times 0.04 \right] \times 4 \times 3.14 \times 0.02$$
$$= 24.61 \mathrm{m}^2$$

（2）竖栏工程量

$$S_{竖} = \left(\frac{100}{2} + 1 \right) \times 1.6 \times 3.14 \times 0.04$$
$$= 10.25 \mathrm{m}^2$$

（3）栏杆总工程量

$$S = (S_{横} + S_{竖}) \times 2$$
$$= (24.61 + 10.25) \times 2$$
$$= 69.72 \mathrm{m}^2$$

【例 3-13】 如图 3-36 所示为某涵洞为箱涵形式，其箱涵底板表面为水泥混凝土板，厚度为 20cm，C25 混凝土顶板厚 30cm，C20 混凝土箱涵侧墙厚 50cm，涵洞长为 20m，计算其箱涵各部分工程量。

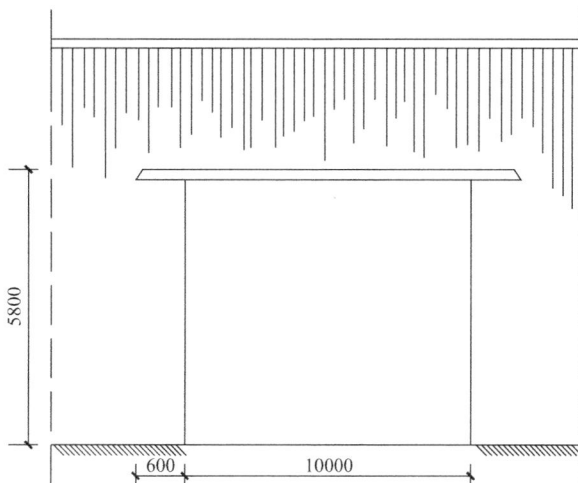

图 3-36 箱涵洞示意图

【解】

（1）清单工程量

1）箱涵底板：

$$V_{底板} = 10 \times 20 \times 0.2$$
$$= 40 m^3$$

2）箱涵顶板：

$$V_{顶板} = (10 + 0.6 \times 2) \times 0.3 \times 20$$
$$= 67.2 m^3$$

3）箱涵侧墙：

$$V_{侧墙} = 20 \times 5.8 \times 0.5 \times 2$$
$$= 116 m^3$$

（2）定额工程量

定额工程量同清单工程量。

【例 3-14】 某桥梁重力式桥台，台身采用 M10 水泥砂浆砌块石，台帽采用 M10 水泥砂浆砌料石，如图 3-37 所示，共 2 个台座，长度 12m。ϕ100PVC 泄水管安装间距 3m。50×50 级配碎石反滤层、泄水孔进口二层土工布包裹。试计算该桥梁台身及台帽工程量。

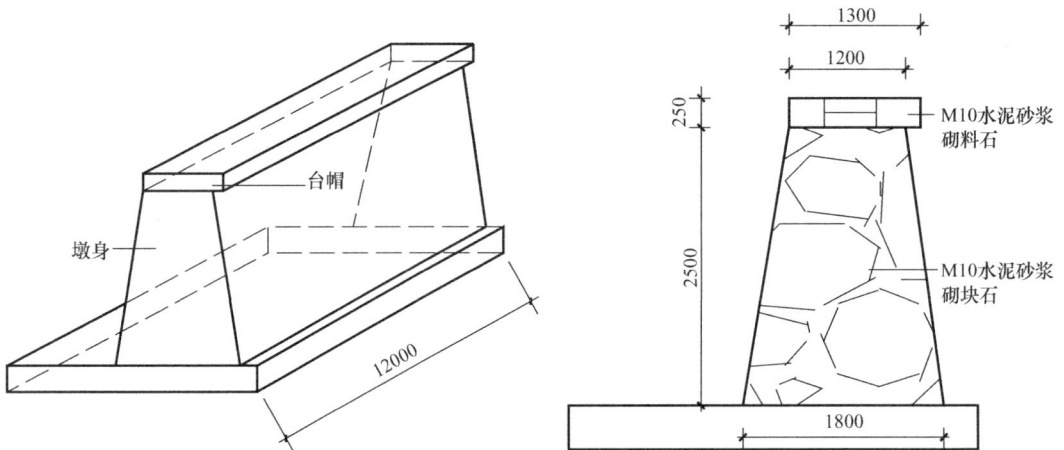

图 3-37 实例工程图

【解】

（1）浆砌块石台帽

$$V_{台帽} = 1.3 \times 0.25 \times 12 \times 2$$
$$= 7.8 m^3$$

（2）浆砌料石台身

$$V_{台身} = (1.8 + 1.2) \div 2 \times 2.5 \times 12 \times 2$$
$$= 90 m^3$$

【例 3-15】 该工程是一座非预应力板梁小型桥梁工程，如图 3-38 所示。

（1）按照《全国统一市政工程预算定额》（GYD-305—1999）"给水工程"混凝土每立

方米组成材料到工地现场价格取定如下：

C10	156.87 元
C15	162.24 元
C20	170.64 元
C25	181.62 元
C30	198.60 元

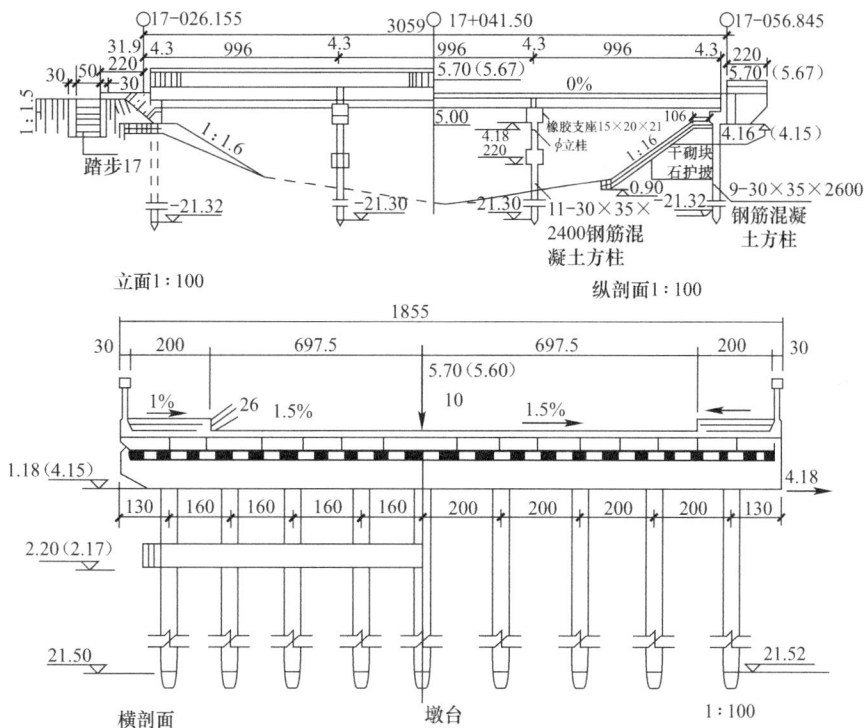

图 3-38 桥梁示意图

（2）管理费费率为 10%，利率为 5%，均以直接费为基础。

试编制分部分项工程和单价措施项目清单与计价表和工程量综合单价分析表。

【解】

（1）工程量清单编制

分部分项工程和单价措施项目清单与计价表见表 3-10。

分部分项工程和单价措施项目清单与计价表 　　　　表 3-10

工程名称：某小型桥梁工程　　　　　　　　标段：　　　　　　　　第 1 页　共 1 页

序号	项目编号	项目名称	项目特征描述	计量单位	工程数量	金额/元	
						综合单价	合价
1	040101003001	挖基坑土方	1. 土壤类别：三类土 2. 挖土深度：2m 以内	m³	36.00		
2	040101006001	挖淤泥	人工挖淤泥	m³	153.60		
3	040103001001	回填方	密实度：95%	m³	1589.00		
4	040103002001	余方弃置	1. 废弃料品种：淤泥 2. 运距：100m	m³	153.60		

序号	项目编号	项目名称	项目特征描述	计量单位	工程数量	金额/元	
						综合单价	合价
5	040301003001	钢筋混凝土方桩	1. 桩截面：墩台基桩 30×50 2. 混凝土强度等级：C30，	m³	944.00		
6	040303007001	墩（台）盖梁	1. 部位：台盖梁 2. 混凝土强度等级：C30	m³	38.00		
7	040303007002	墩（台）盖梁	1. 部位：墩盖梁 2. 混凝土强度等级：C30	m³	25.00		
8	040303003001	混凝土承台	混凝土强度等级：C30	m³	17.40		
9	040303005001	墩（台）身	1. 部位：墩柱 2. 混凝土强度等级：C20	m³	8.6		
10	040302017001	桥面铺装	车行道厚 145cm，C25 混凝土	m³	61.9		
11	040304001001	预制混凝土梁	1. 部位：桥梁 2. 混凝土强度等级：C30	m³	166.14		
12	040304005001	预制混凝土其他构件	1. 部位：人行道板 2. 混凝土强度等级：C25	m³	6.40		
13	040304005002	预制混凝土其他构件	1. 部位：栏杆 2. 混凝土强度等级：C30	m³	4.60		
14	040304005003	预制混凝土其他构件	1. 部位：端墙、端柱 2. 混凝土强度等级：C30	m³	6.81		
15	040304005004	预制混凝土其他构件	1. 部位：侧缘石 2. 混凝土强度等级：C25	m³	10.10		
16	040305003001	浆砌块料	1. 部位：踏步 2. 材料品种、规格：料石 30×20×100 3. 砂浆强度等级：M10	m³	12.00		
17	040305005001	浆砌护坡	1. 材料品种：石砌块护坡 2. 厚度：40cm 3. 砂浆强度等级：M10	m²	60.00		
18	040305005002	干砌护坡	1. 材料品种：石护坡 2. 厚度：40cm	m²	320.00		
19	040308001001	水泥砂浆抹面	1. 砂浆配合比：1∶2 水泥砂浆 2. 部位：人行道	m²	120.00		
20	040309004001	橡胶支座	1. 材质：橡胶 2. 形式：板式	个	216.00		
21	040309007001	桥梁伸缩装置	橡胶伸缩缝	m	39.85		
22	040309007002	桥梁伸缩装置	沥青麻丝伸缩缝	m	28.08		
			合计				

（2）工程量清单计价编制

工程量综合单价分析表见表3-11～表3-32，分部分项工程和单价措施项目清单与计价表见表3-33。

工程名称：某小型桥梁工程　　　　　　　标段：　　　　　　　　　　第1页　共22页

项目编码	040101003001	项目名称	挖基坑土方		计量单位	m³	工程量	36.00

清单综合单价组成明细

定额编号	定额名称	定额单位	数量	单价				合价			
				人工费	材料费	机械费	管理费和利润	人工费	材料费	机械费	管理费和利润
1-20	人工挖基坑土方	100m³	0.01	1429.09	—	—	214.36	14.29	—	—	2.144
1-45	人工装运土方	100m³	0.01	431.65	—	—	64.748	4.32	—	—	0.65
1-46	人工装运土方，运距增50m	100m³	0.01	85.39	—	—	12.81	0.85	—	—	0.128
人工单价			小计					19.46	—	—	2.922
22.47元/工日			未计价材料费					—			
清单项目综合单价								22.38			

工程名称：某小型桥梁工程　　　　　　　标段：　　　　　　　　　　第2页　共22页

项目编码	040101006001	项目名称	挖淤泥		计量单位	m³	工程量	153.60

清单综合单价组成明细

定额编号	定额名称	定额单位	数量	单价				合价			
				人工费	材料费	机械费	管理费和利润	人工费	材料费	机械费	管理费和利润
1-50	人工挖淤泥	100m³	0.01	2255.76	—	—	338.36	22.56	—	—	3.38
人工单价			小计					22.56	—	—	3.38
22.47元/工日			未计价材料费					—			
清单项目综合单价								25.94			

工程名称：某小型桥梁工程　　　　　　　标段：　　　　　　　　　　第3页　共23页

项目编码	040103001001	项目名称	回填方		计量单位	m³	工程量	1589.00

清单综合单价组成明细

定额编号	定额名称	定额单位	数量	单价				合价			
				人工费	材料费	机械费	管理费和利润	人工费	材料费	机械费	管理费和利润
1-56	填土夯实	100m³	0.01	891.69	0.70	—	133.85	8.917	0.01	—	1.339
1-47	机动翻斗车运土	100m³	0.01	338.62	—	699.20	155.67	3.386	—	6.992	1.557

定额编号	定额名称	定额单位	数量	单价 人工费	材料费	机械费	管理费和利润	合价 人工费	材料费	机械费	管理费和利润
人工单价			小计					12.31	0.01	6.992	2.896
22.47元/工日			未计价材料费					—			
清单项目综合单价								22.21			

材料费明细	主要材料名称、规格、型号	单位	数量	单价/元	合价/元	暂估单价/元	暂估合价/元
	水	m³	0.016	0.45	0.0072		
	其他材料费			—		—	
	材料费小计			—	0.0072	—	

综合单价分析表（四）

表 3-14

工程名称：某小型桥梁工程 　　　　标段： 　　　　　　第 4 页　共 22 页

项目编码	040103002001	项目名称	余方弃置	计量单位	m³	工程量	153.60

清单综合单价组成明细

定额编号	定额名称	定额单位	数量	单价 人工费	材料费	机械费	管理费和利润	合价 人工费	材料费	机械费	管理费和利润
1-51	人工运淤泥，运距 20m 以内	100m³	0.01	698.14	—	—	104.72	6.981	—	—	1.047
1-52	人工运淤泥，运距每增加 20m	100m³	0.01	337.50	—	—	50.625	3.375	—	—	0.506
人工单价			小计					10.356	—	—	1.553
22.47元/工日			未计价材料费					—			
清单项目综合单价								11.91			

综合单价分析表（五）

表 3-15

工程名称：某小型桥梁工程 　　　　标段： 　　　　　　第 5 页　共 22 页

项目编码	040301003001	项目名称	钢筋混凝土方桩	计量单位	m³	工程量	944.00

清单综合单价组成明细

定额编号	定额名称	定额单位	数量	单价 人工费	材料费	机械费	管理费和利润	合价 人工费	材料费	机械费	管理费和利润
3-514	水上支架	100m²	0.007	4029.77	4771.55	8315.54	2567.53	28.21	33.40	58.21	17.973
3-336	方桩	10m³	0.012	421.31	44.85	258.01	108.626	5.06	0.54	3.10	1.30
3-23	打钢筋混凝土方桩（24m 以内）	10m³	0.005	199.31	65.36	1609.13	281.07	1.00	0.33	8.05	1.405
3-26	打钢筋混凝土方桩（28m 以内）	10m³	0.006	122.46	84.92	1636.23	276.542	0.73	0.51	9.82	1.659

定额编号	定额名称	定额单位	数量	单价				合价			
				人工费	材料费	机械费	管理费和利润	人工费	材料费	机械费	管理费和利润
3-60	浆锚接桩	个	0.042	12.36	90.42	134.49	35.59	0.52	3.80	5.65	1.495
3-75	送桩（8m以内）	10m³	0.0004	581.75	176.39	1982.49	411.095	0.23	0.07	0.79	0.16
补2	钢筋混凝土桩运输（150m以内）	10m³	0.012	—	—	—	—	0.76	1.80	0.90	0.519
补1	凿预制桩桩头混凝土	个	0.042	—	—	—	—	0.29	—	—	0.044
人工单价			小计					36.8	40.45	86.52	24.555
22.47元/工日			未计价材料费					23.83			
清单项目综合单价								212.155			

材料费明细	主要材料名称、规格、型号	单位	数量	单价/元	合价/元	暂估单价/元	暂估合价/元
	混凝土 C30	m³	0.12	198.60	23.83		
	其他材料费			—		—	
	材料费小计			—	23.83	—	

综合单价分析表（六）　　　　表 3-16

工程名称：某小型桥梁工程　　　　标段：　　　　

项目编码	040303007001	项目名称	墩（台）盖梁	计量单位	m³	工程量	38.00

清单综合单价组成明细

定额编号	定额名称	定额单位	数量	单价				合价			
				人工费	材料费	机械费	管理费和利润	人工费	材料费	机械费	管理费和利润
3-288	混凝土台盖梁	10m²	0.1	369.63	20.34	251.00	96.15	36.96	2.034	25.1	9.615
3-261	桥台混凝土垫层	10m³	0.00903	297.28	2.58	214.14	77.1	2.684	0.0233	1.934	0.696
3-260	桥台碎石垫层	10m³	0.00903	146.73	558.99	—	105.86	1.325	5.048	—	0.956
人工单价			小计					40.969	7.1053	27.034	11.267
22.47元/工日			未计价材料费					216.56			
清单项目综合单价								302.94			

材料费明细	主要材料名称、规格、型号	单位	数量	单价/元	合价/元	暂估单价/元	暂估合价/元
	混凝土 C30	m³	1.015	198.60	201.58		
	混凝土 C15	m³	0.0917	162.24	14.877		
	其他材料费			—		—	
	材料费小计			—	216.56	—	

综合单价分析表（七）

表 3-17

工程名称：某小型桥梁工程　　　　标段：　　　　

项目编码	040303007002	项目名称	墩（台）盖梁	计量单位	m³	工程量	25.00

清单综合单价组成明细

定额编号	定额名称	定额单位	数量	单价				合价			
				人工费	材料费	机械费	管理费和利润	人工费	材料费	机械费	管理费和利润
3-286	混凝土墩盖梁	10m³	0.1	375.25	20.02	259.48	98.213	37.52	2.002	25.948	9.82
	人工单价			小计				37.52	2.002	25.948	9.82
	22.47 元/工日			未计价材料费				201.58			
	清单项目综合单价							276.87			

	主要材料名称、规格、型号		单位		数量	单价/元	合价/元	暂估单价/元	暂估合价/元
材料费明细	混凝土 C30		m³		1.015	198.60	201.58		
	其他材料费						—		—
	材料费小计					—	201.58	—	

综合单价分析表（八）

表 3-18

工程名称：某小型桥梁工程　　　　标段：　　　　

项目编码	040303003001	项目名称	混凝土承台	计量单位	m³	工程量	17.40

清单综合单价组成明细

定额编号	定额名称	定额单位	数量	单价				合价			
				人工费	材料费	机械费	管理费和利润	人工费	材料费	机械费	管理费和利润
3-265	混凝土承台	10m³	0.1	320.20	22.87	222.99	84.909	32.02	2.287	22.299	8.491
	人工单价			小计				32.02	2.287	22.299	8.491
	22.47 元/工日			未计价材料费				201.58			
	清单项目综合单价							266.68			

	主要材料名称、规格、型号		单位		数量	单价/元	合价/元	暂估单价/元	暂估合价/元
材料费明细	混凝土 C30		m³		1.015	198.60	201.58		
	其他材料费						—		—
	材料费小计					—	201.58	—	

综合单价分析表（九）

表 3-19

工程名称：某小型桥梁工程　　　　标段：　　　　

项目编码	040303005001	项目名称	墩（台）身	计量单位	m³	工程量	8.6

清单综合单价组成明细

定额编号	定额名称	定额单位	数量	单价				合价			
				人工费	材料费	机械费	管理费和利润	人工费	材料费	机械费	管理费和利润
3-280	混凝土柱式墩台身	10m³	0.1	399.74	7.65	281.96	103.4	39.974	0.765	28.196	10.34

人工单价		小计					39.974	0.765	28.196	10.34
22.47 元/工日		未计价材料费					173.20			
	清单项目综合单价						252.48			

材料费明细	主要材料名称、规格、型号	单位	数量	单价/元	合价/元	暂估单价/元	暂估合价/元
	混凝土 C20	m³	1.015	170.64	173.20		
	其他材料费				—		—
	材料费小计				—	173.20	

工程量清单综合单价分析表（十）　　　　表 3-20

工程名称：某小型桥梁工程　　　　　标段：　　　　　第 10 页　共 22 页

项目编码	040302017001	项目名称	桥面铺装	计量单位	m²	工程量	61.9

清单综合单价组成明细

定额编号	定额名称	定额单位	数量	单价				合价			
				人工费	材料费	机械费	管理费和利润	人工费	材料费	机械费	管理费和利润
3-331	车行道桥面混凝土铺装	10m³	0.1	455.47	347.88	145.96	949.31	45.547	34.788	14.596	94.931
人工单价		小计						45.547	34.788	14.596	94.931
22.47 元/工日		未计价材料费						184.34			
	清单项目综合单价							374.21			

材料费明细	主要材料名称、规格、型号	单位	数量	单价/元	合价/元	暂估单价/元	暂估合价/元
	混凝土 C25	m³	1.015	181.62	184.34		
	其他材料费				—		—
	材料费小计				—	184.34	

综合单价分析表（十一）　　　　表 3-21

工程名称：某小型桥梁工程　　　　　标段：　　　　　第 11 页　共 22 页

项目编码	040304001001	项目名称	预制混凝土梁	计量单位	m³	工程量	166.14

清单综合单价组成明细

定额编号	定额名称	定额单位	数量	单价				合价			
				人工费	材料费	机械费	管理费和利润	人工费	材料费	机械费	管理费和利润
3-356	非预应力混凝土空心板梁	10m³	0.1	414.80	58.50	255.06	109.25	41.48	5.85	25.51	10.93
3-431	安装板梁（L≤10m）	10m³	0.1	45.39	—	272.94	74.75	4.54		27.29	7.48
3-323	板梁底砂浆及勾缝	10m³	0.0307	51.68	1.86	—	8.03	1.59	0.057	—	0.247
补 2	非预应力空心板梁运输	10m³	0.1	62.98	150.23	74.99	43.23	6.30	15.02	7.50	4.32
人工单价		小计						53.91	20.93	60.3	22.977
22.47 元/工日		未计价材料费						202.72			
	清单项目综合单价							360.84			

	主要材料名称、规格、型号	单位	数量	单价/元	合价/元	暂估单价/元	暂估合价/元
材料费明细	混凝土 C30	m³	1.015	198.60	201.58		
	混凝土 C20	m³	0.0067	170.64	1.14		
	其他材料费				—		
	材料费小计				202.72	—	

综合单价分析表（十二）   表 3-22

工程名称：某小型桥梁工程　　　　　　标段：　　　　　　第 12 页　共 22 页

项目编码	040304005001	项目名称	预制混凝土其他构件	计量单位	m³	工程量	6.40

清单综合单价组成明细

定额编号	定额名称	定额单位	数量	单价				合价			
				人工费	材料费	机械费	管理费和利润	人工费	材料费	机械费	管理费和利润
3-372	预制 C25 混凝土人行道板	10m³	0.1	570.51	12.97	145.96	21.89	57.05	1.30	14.60	2.19
3-475	安装混凝土人行道板	10m³	0.1	358.62	—	—	53.79	35.86			5.38
1-634	预制人行道板运输，运距 50m	10m³	0.1	107.18	—	—	16.08	10.72			1.61
1-635	预制人行道板运输，运距 100m	10m³	0.1	10.34	—	—	1.55	1.03			0.16
人工单价			小计					104.66	1.30	14.6	9.34
22.47 元/工日			未计价材料费					185.25			
清单项目综合单价								315.15			

	主要材料名称、规格、型号	单位	数量	单价/元	合价/元	暂估单价/元	暂估合价/元
材料费明细	混凝土 C25	m³	1.02	181.62	185.25		
	其他材料费				—		
	材料费小计				185.25	—	

综合单价分析表（十三）   表 3-23

工程名称：某小型桥梁工程　　　　　　标段：　　　　　　第 13 页　共 22 页

项目编码	040304005002	项目名称	预制混凝土其他构件	计量单位	m³	工程量	4.60

清单综合单价组成明细

定额编号	定额名称	定额单位	数量	单价				合价			
				人工费	材料费	机械费	管理费和利润	人工费	材料费	机械费	管理费和利润
3-374	预制 C30 混凝土栏杆	10m³	0.1	871.39	97.54	145.96	167.23	87.14	9.75	14.60	16.72
3-478	安装混凝土栏杆	10m³	0.1	492.09	291.65	293.24	161.55	49.21	29.17	29.32	16.16
1-634	预制人行道板运输，运距 50m	10m³	0.1	107.18	—	—	16.08	10.72	—	—	1.61

定额编号	定额名称	定额单位	数量	单价				合价			
				人工费	材料费	机械费	管理费和利润	人工费	材料费	机械费	管理费和利润
1-635	预制人行道板运输，运距100m	10m³	0.1	10.34	—	—	1.55	1.03	—	—	0.16
	人工单价			小计				148.1	38.92	43.92	34.65
	22.47元/工日			未计价材料费				202.57			
	清单项目综合单价							468.16			

材料费明细	主要材料名称、规格、型号	单位	数量	单价/元	合价/元	暂估单价/元	暂估合价/元
	混凝土 C30	m³	1.02	198.60	202.57		
	其他材料费				—		—
	材料费小计				202.57		—

综合单价分析表（十四）

表 3-24

工程名称：某小型桥梁工程　　　　标段：　　　　

项目编码	040304005003	项目名称	预制混凝土其他构件	计量单位	m³	工程量	6.81

清单综合单价组成明细

定额编号	定额名称	定额单位	数量	单价				合价			
				人工费	材料费	机械费	管理费和利润	人工费	材料费	机械费	管理费和利润
3-374	预制 C30 混凝土栏杆	10m³	0.1	871.39	97.54	145.96	167.23	87.14	9.75	14.60	16.72
3-474	安装混凝土端柱	10m³	0.1	447.83	455.75	408.05	196.75	44.78	45.58	40.81	19.68
1-634	预制人行道板运输，运距50m	10m³	0.1	107.18	—	—	16.08	10.72	—	—	1.61
1-635	预制人行道板运输，运距100m	10m³	0.1	10.34	—	—	1.55	1.03	—	—	0.16
	人工单价			小计				143.67	55.33	54.78	38.17
	22.47元/工日			未计价材料费				202.57			
	清单项目综合单价							494.52			

材料费明细	主要材料名称、规格、型号	单位	数量	单价/元	合价/元	暂估单价/元	暂估合价/元
	混凝土 C30	m³	1.02	198.60	202.57		
	其他材料费				—		—
	材料费小计				202.57		—

综合单价分析表（十五）

表 3-25

工程名称：某小型桥梁工程　　　　标段：　　　　

项目编码	040304005004	项目名称	预制混凝土其他构件	计量单位	m³	工程量	10.10

清单综合单价组成明细

定额编号	定额名称	定额单位	数量	单价				合价			
				人工费	材料费	机械费	管理费和利润	人工费	材料费	机械费	管理费和利润
3-372	预制 C25 混凝土侧缘石	10m³	0.1	570.51	127.97	145.96	126.67	57.05	12.80	14.60	12.67
3-476	安装混凝土侧缘石	10m³	0.1	387.61	—	—	58.14	38.76	—	—	5.81
1-634	预制人行道板运输，运距 50m	10m³	0.1	107.18	—	—	16.08	10.72	—	—	1.61
1-635	预制人行道板运输，运距 100m	10m³	0.1	10.34	—	—	1.55	1.03	—	—	0.16
人工单价		小计						107.56	12.8	14.6	20.25
22.47 元/工日		未计价材料费						184.34			
清单项目综合单价								339.55			

	主要材料名称、规格、型号		单位	数量	单价/元	合价/元	暂估单价/元	暂估合价/元
材料费明细	混凝土 C25		m³	1.015	181.62	184.34		
	其他材料费					—		—
	材料费小计					—	184.34	—

综合单价分析表（十六）

表 3-26

工程名称：某小型桥梁工程　　　　标段：　　　　

项目编码	040305003001	项目名称	浆砌块料	计量单位	m³	工程量	12.00

清单综合单价组成明细

定额编号	定额名称	定额单位	数量	单价				合价			
				人工费	材料费	机械费	管理费和利润	人工费	材料费	机械费	管理费和利润
1-703	浆砌料石台阶	10m³	0.1	625.56	770.67	—	209.44	62.56	77.07	—	20.94
1-705	浆砌料石面勾平缝	100m²	0.05	141.11	156.71	—	44.67	14.11	15.67	—	4.47
人工单价		小计						76.67	92.74		25.43
22.47 元/工日		未计价材料费									
清单项目综合单价								194.84			

	主要材料名称、规格、型号	单位	数量	单价/元	合价/元	暂估单价/元	暂估合价/元
材料费明细	料石	m³	0.91	65.10	59.24		
	水泥砂浆 M10	m³	0.19	102.65	19.5		
	水	m³	0.42	0.45	0.19		
	草袋	个	2.46	2.32	5.71		
	其他材料费			—		—	
	材料费小计			—	84.64		

综合单价分析表（十七）

表 3-27

工程名称：某小型桥梁工程　　　　标段：　　　　

项目编码	040305005001	项目名称	浆砌护坡	计量单位	m²	工程量	60.00

清单综合单价组成明细

定额编号	定额名称	定额单位	数量	单价				合价			
				人工费	材料费	机械费	管理费和利润	人工费	材料费	机械费	管理费和利润
1-697	浆砌块石护坡（厚 40cm）	10m³	0.04	260.20	855.47	26.60	171.34	10.41	34.22	1.06	6.85
1-714	浆砌块石面勾平缝	100m²	0.01	142.01	170.06	—	46.8	1.42	1.70	—	0.47
人工单价		小计						11.83	35.92	1.06	7.32
22.47 元/工日		未计价材料费									
清单项目综合单价								56.13			

	主要材料名称、规格、型号	单位	数量	单价/元	合价/元	暂估单价/元	暂估合价/元
材料费明细	块石	m³	0.47	41.00	19.27		
	水泥砂浆 M10	m³	0.15	102.65	15.40		
	水	m³	0.12	0.45	0.05		
	草袋	个	0.49	2.32	1.14		
	其他材料费			—		—	
	材料费小计			—	35.86	—	

综合单价分析表（十八）

表 3-28

工程名称：某小型桥梁工程　　　　标段：　　　　

项目编码	040305005002	项目名称	干砌护坡	计量单位	m²	工程量	320.00

清单综合单价组成明细

定额编号	定额名称	定额单位	数量	单价				合价			
				人工费	材料费	机械费	管理费和利润	人工费	材料费	机械费	管理费和利润
1-691	干砌块石护坡（厚 40cm）	10m³	0.04	230.54	478.06	—	106.29	9.22	19.12	—	4.25
1-713	干砌块石面勾平缝	100m²	0.01	154.14	170.06	—	48.63	1.54	1.7	—	0.49

人工单价		小计				10.76	20.82	—	4.74
22.47 元/工日		未计价材料费							
清单项目综合单价								36.32	

材料费明细	主要材料名称、规格、型号	单位	数量	单价/元	合价/元	暂估单价/元	暂估合价/元
	块石	m³	0.47	41.00	19.27		
	水泥砂浆 M10	m³	0.005	102.65	0.51		
	水	m³	0.059	0.45	0.023		
	草袋	个	0.49	2.32	1.14		
	其他材料费			—			—
	材料费小计			—	20.94		

综合单价分析表（十九） 表 3-29

工程名称：某小型桥梁工程　　　标段：　　　第 19 页 共 22 页

项目编码	040308001001	项目名称	水泥砂浆抹面	计量单位	m²	工程量	120.00

清单综合单价组成明细

定额编号	定额名称	定额单位	数量	单价				合价			
				人工费	材料费	机械费	管理费和利润	人工费	材料费	机械费	管理费和利润
3-546	水泥砂浆抹面，分格	100m²	0.01	219.08	437.25	30.67	103.05	2.19	4.37	0.31	1.03

人工单价		小计				2.19	4.37	0.31	1.03
22.47 元/工日		未计价材料费							
清单项目综合单价								7.90	

材料费明细	主要材料名称、规格、型号	单位	数量	单价/元	合价/元	暂估单价/元	暂估合价/元
	素水泥浆	m³	0.001	467.02	0.47		
	水泥砂浆 1：2	m³	0.02	189.17	3.78		
	水	m³	0.03	0.45	0.01		
	其他材料费			—			—
	材料费小计			—	4.25		

综合单价分析表（二十） 表 3-30

工程名称：某小型桥梁工程　　　标段：　　　第 20 页 共 22 页

项目编码	040309004001	项目名称	橡胶支座	计量单位	个	工程量	216.00

清单综合单价组成明细

定额编号	定额名称	定额单位	数量	单价				合价			
				人工费	材料费	机械费	管理费和利润	人工费	材料费	机械费	管理费和利润
3-484	安装板式橡胶支座	10cm²	0.3	0.45	121.00	—	18.22	2.84	762.30	—	114.77

人工单价			小计		2.84	762.30	—	114.77
22.47元/工日			未计价材料费				—	
清单项目综合单价							879.91	

材料费明细	主要材料名称、规格、型号	单位	数量	单价/元	合价/元	暂估单价/元	暂估合价/元
	板式橡胶支座	100cm²	6.3	121.00	762.30		
	其他材料费			—		—	
	材料费小计			—	762.30		

综合单价分析表（二十一）   表 3-31

工程名称：某小型桥梁工程　　　　　　　标段：　　　　　　　第 21 页　共 22 页

项目编码	040309007001	项目名称	桥梁伸缩装置	计量单位	m	工程量	39.85

清单综合单价组成明细

定额编号	定额名称	定额单位	数量	单价				合价			
				人工费	材料费	机械费	管理费和利润	人工费	材料费	机械费	管理费和利润
3-498	安装橡胶伸缩缝	10m	0.1	215.49	75.68	98.34	58.43	21.55	7.57	9.83	5.84
人工单价			小计					21.55	7.57	9.83	5.84
22.47元/工日			未计价材料费					10.50			
清单项目综合单价								55.29			

材料费明细	主要材料名称、规格、型号	单位	数量	单价/元	合价/元	暂估单价/元	暂估合价/元
	橡胶板伸缩缝	m	1.00	10.50	10.50		
	其他材料费			—		—	
	材料费小计			—	10.50		

综合单价分析表（二十二）   表 3-32

工程名称：某小型桥梁工程　　　　　　　标段：　　　　　　　第 22 页　共 22 页

项目编码	040309007002	项目名称	桥梁伸缩装置	计量单位	m	工程量	28.08

清单综合单价组成明细

定额编号	定额名称	定额单位	数量	单价				合价			
				人工费	材料费	机械费	管理费和利润	人工费	材料费	机械费	管理费和利润
3-500	安装沥青麻丝伸缩缝	10m	0.1	43.14	17.84	—	9.15	4.31	1.78	—	0.92
人工单价			小计					4.31	1.78	—	0.92
22.47元/工日			未计价材料费								
清单项目综合单价								7.01			

材料费明细	主要材料名称、规格、型号	单位	数量	单价/元	合价/元	暂估单价/元	暂估合价/元
	石油沥青 30 号	kg	0.16	1.40	0.22		
	油浸麻丝	kg	0.15	10.40	1.56		
	其他材料费			—		—	
	材料费小计			—	1.78		

分部分项工程和单价措施项目清单与计价表

表 3-33

工程名称：某小型桥梁工程　　　　　　　　标段：　　　　　　　

序号	项目编号	项目名称	项目特征描述	计量单位	工程数量	金额/元	
						综合单价	合价
1	040101003001	挖基坑土方	1. 土壤类别：三类土 2. 挖土深度：2m 以内	m³	36.00	22.38	949.68
2	040101006001	挖淤泥	人工挖淤泥	m³	153.60	25.94	3984.38
3	040103001001	回填方	密实度：95％	m³	1589.00	22.21	35291.69
4	040103002001	余方弃置	1. 废弃料品种：淤泥 2. 运距：100m	m³	153.60	11.91	1829.38
5	040301003001	钢筋混凝土方桩	1. 桩截面：墩台基桩 30×50 2. 混凝土强度等级：C30	m³	944.00	212.155	200274.32
6	040303007001	墩（台）盖梁	1. 部位：台盖梁 2. 混凝土强度等级：C30	m³	38.00	302.94	11511.72
7	040303007002	墩（台）盖梁	1. 部位：墩盖梁 2. 混凝土强度等级：C30	m³	25.00	276.87	6921.75
8	040303003001	混凝土承台	混凝土强度等级：C30	m³	17.40	266.68	4640.23
9	040303005001	墩（台）身	1. 部位：墩柱 2. 混凝土强度等级：C20	m³	8.6	252.48	2171.33
10	040302017001	桥面铺装	车行道厚 145cm，C25 混凝土	m³	61.9	374.21	23163.60
11	040304001001	预制混凝土梁	1. 部位：桥梁 2. 混凝土强度等级：C30	m³	166.14	360.84	59949.96
12	040304005001	预制混凝土其他构件	1. 部位：人行道板 2. 混凝土强度等级：C25	m³	6.40	315.15	2016.96
13	040304005002	预制混凝土其他构件	1. 部位：栏杆 2. 混凝土强度等级：C30	m³	4.60	468.16	2153.54
14	040304005003	预制混凝土其他构件	1. 部位：端墙、端柱 2. 混凝土强度等级：C30	m³	6.81	494.52	3367.68
15	040304005004	预制混凝土其他构件	1. 部位：侧缘石 2. 混凝土强度等级：C25	m³	10.10	339.55	3429.46
16	040305003001	浆砌块料	1. 部位：踏步 2. 材料品种、规格：料石 30×20×100 3. 砂浆强度等级：M10	m³	12.00	194.84	2338.08
17	040305005001	浆砌护坡	1. 材料品种：石砌块护坡 2. 厚度：40cm 3. 砂浆强度等级：M10	m²	60.00	56.13	3367.8

序号	项目编号	项目名称	项目特征描述	计量单位	工程数量	金额/元	
						综合单价	合价
18	040305005002	干砌护坡	1. 材料品种：石护坡 2. 厚度：40cm	m²	320.00	36.32	11622.4
19	040308001001	水泥砂浆抹面	1. 砂浆配合比：1：2水泥砂浆 2. 部位：人行道	m²	120.00	7.9	948
20	040309004001	橡胶支座	1. 材质：橡胶 2. 形式：板式	个	216.00	41.78	9024.48
21	040309007001	桥梁伸缩装置	橡胶伸缩缝	m	39.85	55.29	2203.31
22	040309007002	桥梁伸缩装置	沥青麻丝伸缩缝	m	28.08	7.01	196.84
合计							391356.60

4 隧道工程手工算量与实例精析

4.1 隧道工程工程量手算方法

4.1.1 隧道岩石开挖工程量

1. 平洞、斜洞、竖井开挖（光面爆破）

（1）清单工程量

1）计算公式

$$工程量 = 开挖断面积 \times 开挖长度 \quad (m^3)$$

2）工程量计算规则

平洞、斜洞、竖井开挖（光面爆破）工程量按设计图示结构断面尺寸乘以长度以体积计算。

（2）定额工程量

1）计算公式

$$工程量 = 开挖断面工程量 + 超挖工程量 \quad (m^3)$$

2）工程量计算规则

① 隧道的平洞、斜井和竖井开挖与出渣工程量，按设计图示开挖断面尺寸，另加允许超挖量以"m^3"计算。

② 光面爆破允许超挖量：拱部为 15cm，边墙为 10cm。

2. 平洞、斜洞、竖井开挖（一般爆破）

（1）清单工程量

1）计算公式

$$工程量 = 开挖断面积 \times 开挖长度 \quad (m^3)$$

2）工程量计算规则

平洞、斜洞、竖井开挖（一般爆破）工程量按设计图示结构断面尺寸乘以长度以体积计算。

（2）定额工程量

1）计算公式

$$工程量 = 开挖断面积 \times 开挖长度 \times 0.935 \quad (m^3)$$

2）工程量计算规则

① 隧道的平洞、斜井和竖井开挖与出渣工程量，按设计图示以体积计算。

② 采用一般爆破开挖时，其开挖定额应乘以系数 0.935。

③ 若采用一般爆破，其允许超挖量：拱部为 20cm，边墙为 15cm。

3. 地沟开挖

（1）计算公式

$$工程量 = 开挖断面积 \times 开挖长度 \quad (m^3)$$

（2）工程量计算规则

隧道内地沟的开挖和出渣工程量，按设计断面尺寸，以 m^3 计算，不得另行计算允许超挖量。

4. 小导管、管棚

（1）计算公式

$$工程量 = 图示长度 \quad (m)$$

（2）工程量计算规则

导管、管棚工程量按设计图示尺寸以长度计算。

5. 隧道岩石注浆

（1）计算公式

$$工程量 = 图注浆体积 \quad (m^3)$$

（2）工程量计算规则

隧道岩石注浆工程量按设计注浆量以体积计算。

4.1.2 岩石隧道衬砌工程量

1. 混凝土衬砌

（1）清单工程量

1）计算公式

$$工程量 = 衬砌横断面积 \times 衬砌长度 \quad (m^3)$$

2）工程量计算规则

混凝土仰拱衬砌、混凝土顶拱衬砌、混凝土边墙衬砌、混凝土竖井衬砌工程量按设计图示尺寸以体积计算。

端墙式隧道门的构造组成及各组成部分的位置如图 4-1 所示。

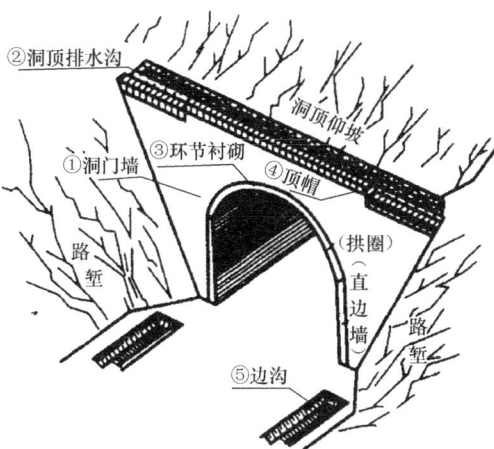

图 4-1 端墙式隧道门

（2）定额工程量

1）计算公式

工程量 = 衬砌工程量 + 允许超挖量 （m³）

2）工程量计算规则

① 隧道内衬现浇混凝土和石料衬砌的工程量，按施工图所示尺寸加允许超挖量（拱部为 15cm，边墙为 10cm）以 m^3 计算，混凝土部分不扣除 $0.3m^3$ 以内孔洞所占体积。

② 隧道衬砌边墙与拱部连接时，以拱部起拱点的连线为分界线，以下为边墙，以上为拱部。边墙底部的扩大部分工程量（含附壁水沟），应并入相应厚度边墙体积内计算。拱部两端支座，先拱后墙的扩大部分工程

量，应并入拱部体积内计算。

2. 拱部、边墙喷射混凝土

（1）清单工程量

1）计算公式

$$工程量 = 图示面积 \quad （m^2）$$

2）工程量计算规则

拱部喷射混凝土、边墙喷射混凝土工程量按设计图示尺寸以面积计算。

（2）定额工程量

1）计算公式

$$工程量 = 图示面积 \times 调整系数 \quad （m^2）$$

2）工程量计算规则

① 喷射混凝土数量及厚度按设计图计算，不另增加超挖、填平补齐的数量。

② 混凝土初喷 5cm 为基本层，每增 5cm 按增加定额计算，不足 5cm 按 5cm 计算。

③ 喷射混凝土定额配合比，按各地区规定的配合比执行。

3. 构件砌筑

（1）计算公式

$$工程量 = 图示横断面积 \times 砌筑长度（厚度） \quad （m^3）$$

（2）工程量计算规则

拱圈砌筑、边墙砌筑、砌筑沟道、洞门砌筑工程量按设计图示尺寸以体积计算。

4. 锚杆

（1）清单工程量

1）计算公式

$$工程量 = 图示长度 \times 单位长度质量 \quad （t）$$

2）工程量计算规则

锚杆工程量按设计图示尺寸以质量计算。

（2）定额工程量

1）计算公式

$$工程量 = 图示长度 \times 单位长度质量 \times 调整系数 \quad （t）$$

2）工程量计算规则

锚杆工程量按质量计算。锚杆按 $\phi 22$ 计算，若实际不同时，定额人工、机械应按表 4-1 中所列系数调整，锚杆按净重计算不加损耗。

					人工机械系数调整	表 4-1

锚杆直径	$\phi 28$	$\phi 25$	$\phi 22$	$\phi 20$	$\phi 18$	$\phi 26$
调整系数	0.62	0.78	1	1.21	1.49	1.89

5. 充填压浆

（1）计算公式

$$工程量 = 图示横断面积 \times 压浆深度（高度） \quad （m^3）$$

（2）工程量计算规则

充填压浆工程量按设计图示尺寸以体积计算。

6. 仰拱填充

（1）计算公式

$$工程量 = 图示回填体积 \quad （m^3）$$

（2）工程量计算规则

仰拱填充工程量按设计图示回填尺寸以体积计算。

7. 透水管、沟道盖板、变形缝和施工缝

（1）计算公式

$$工程量 = 图示长度 \quad （m）$$

（2）工程量计算规则

透水管、沟道盖板、变形缝和施工缝工程量按设计图示尺寸以长度计算。

8. 柔性防水层

（1）计算公式

$$工程量 = 防水层长度 \times 防水层宽度 \quad （m^2）$$

（2）工程量计算规则

柔性防水层工程量按设计图示尺寸以面积计算。

4.1.3 盾构掘进工程量

1. 盾构吊装及吊拆

（1）计算公式

$$工程量 = 图示数量 \quad （台 \cdot 次）$$

（2）工程量计算规则

盾构吊装及吊拆工程量按设计图示数量计算。

2. 隧道盾构掘进

（1）计算公式

$$工程量 = 图示长度 \quad （m）$$

（2）工程量计算规则

隧道盾构掘进工程量按设计图示掘进长度计算。

3. 衬砌压浆

（1）计算公式

$$V = \pi(R_1 + R_2)^2 \times h \quad （m^3）$$

式中　V——衬砌压浆工程量，m^3；

　　R_1——管片外径，m；

　　R_2——盾构壳体外径，m；

　　h——衬砌长度（高度），m。

（2）工程量计算规则

衬砌压浆工程量按管片外径和盾构壳体外径所形成的充填体积计算。

4. 预制钢筋混凝土管片

（1）清单工程量

1）计算公式

$$V = \frac{1}{2}(l_1 \times R_1 - l_2 \times R_2) \times h \quad (\text{m}^3)$$

式中　V——管片体积，m³；

　　　l_1——外弧长，m；

　　　l_2——内弧长，m；

　　　R_1——外半径，m；

　　　R_2——内半径，m；

　　　h——管片厚度，m。

2）工程量计算规则

预制钢筋混凝土管片工程量按设计图示尺寸以体积计算。

（2）定额工程量

1）计算公式

$$V = \frac{1}{2}(l_1 \times R_1 - l_2 \times R_2) \times h \times (1 + 1\%) \quad (\text{m}^3)$$

式中各个字母代表含义同上。

2）工程量计算规则

预制混凝土管片工程量按实体积加 1% 损耗计算。

5. 管片设置密封条、管片嵌缝

（1）计算公式

$$\text{工程量} = \text{图示数量} \quad (\text{环})$$

（2）工程量计算规则

管片设置密封条、管片嵌缝工程量按设计图示数量计算。

6. 隧道洞口柔性接缝环

（1）清单工程量

1）计算公式

$$\text{工程量} = \text{隧道管片外径周长} \quad (\text{m})$$

2）工程量计算规则

隧道洞口柔性接缝环工程量按设计图示以隧道管片外径周长计算。

（2）定额工程量

1）计算公式

$$\text{工程量} = \text{管片中心圆周长} \quad (\text{m})$$

2）工程量计算规则

柔性接缝环适合于盾构工作井洞门与圆隧道接缝处理，长度按管片中心圆周长计算。

7. 盾构机调头、转场运输

（1）计算公式

$$\text{工程量} = \text{图示数量} \quad (\text{台·次})$$

（2）工程量计算规则

盾构机调头、盾构机转场运输工程量按设计图示数量计算。

4.1.4 管节顶升、旁信道工程量

1. 管节垂直顶升

（1）清单工程量

1）计算公式

$$工程量 = 图示长度 \quad （m）$$

2）工程量计算规则

管节垂直顶升工程量按设计图示以顶升长度计算。

（2）定额工程量

1）计算公式

$$工程量 = 图示管节数 \quad （节）$$

2）工程量计算规则

垂直顶升管节试拼装工程量按所需顶升的管节数计算。

2. 安装止水框、连系梁

（1）计算公式

$$工程量 = 图示体积 \times 使用材料密度 \quad （t）$$

（2）工程量计算规则

安装止水框、连系梁工程量按设计图示尺寸以质量计算。

3. 阴极保护装置

（1）计算公式

$$工程量 = 图示数量 \quad （组／个）$$

（2）工程量计算规则

阴极保护装置工程量按设计图示数量计算。

4. 安装取排水头

（1）计算公式

$$工程量 = 图示数量 \quad （个）$$

（2）工程量计算规则

安装取排水头工程量按设计图示数量计算。

5. 隧道内集水井

（1）计算公式

$$工程量 = 图示数量 \quad （座）$$

（2）工程量计算规则

隧道内集水井工程量按设计图示数量计算。

6. 防爆门

（1）计算公式

$$工程量 = 图示数量 \quad （扇）$$

（2）工程量计算规则

防爆门工程量按设计图示数量计算。

7. 钢混凝土复合管片

（1）计算公式

$$V = \frac{1}{2}(l_1 \times R_1 - l_2 \times R_2) \times h \quad (\text{m}^3)$$

式中　V——管片体积，m³；

　　　l_1——外弧长，m；

　　　l_2——内弧长，m；

　　　R_1——外半径，m；

　　　R_2——内半径，m；

　　　h——管片厚度，m。

（2）工程量计算规则

钢混凝土复合管片工程量按设计图示尺寸以体积计算。

8. 钢管片

（1）计算公式

$$m = \rho V = \rho(l_1 \times R_1 - l_2 \times R_2) \times h \quad (\text{t})$$

式中　m——钢管片工程量，t；

　　　ρ——钢管片密度，t/m³；

　　　l_1——外弧长，m；

　　　l_2——内弧长，m；

　　　R_1——外半径，m；

　　　R_2——内半径，m；

　　　h——管片厚度，m。

（2）工程量计算规则

钢管片按设计图示尺寸以体积计算。

4.1.5　隧道沉井工程量

1. 沉井井壁混凝土

（1）计算公式

$$\text{工程量} = \text{图示横断面积} \times \text{高度（深度）} \quad (\text{m}^3)$$

（2）工程量计算规则

沉井井壁混凝土工程量按设计尺寸以井筒混凝土体积计算。

2. 沉井下沉

（1）清单工程量

1）计算公式

$$\text{工程量} = \text{井壁外围面积} \times \text{下沉深度} \quad (\text{m}^3)$$

2）工程量计算规则

沉井下沉工程量按设计图示井壁外围面积乘以下沉深度以体积计算。

（2）定额工程量

1）计算公式

$$工程量 = 井壁外围面积 \times 下沉深度 \times 回淤系数 \quad （m^3）$$

2）工程量计算规则

沉井下沉的土方工程量，按沉井外壁所围的面积乘以下沉深度（预制时刃脚底面至下沉后设计刃脚底面的高度），并分别乘以土方回淤系数计算。回淤系数：排水下沉深度大于10m为1.05；不排水下沉深度大于15m为1.02。

3. 沉井混凝土封底、底板、隔墙

（1）计算公式

$$工程量 = 图示横断面积 \times 高度(厚度) \quad （m^3）$$

（2）工程量计算规则

沉井混凝土封底、沉井混凝土底板、沉井混凝土隔墙工程量按设计图示尺寸以体积计算。

沉井的一般构造如图 4-2 所示。

4. 沉井填心

（1）计算公式

$$工程量 = 图示横断面积 \times 填井深度 \quad （m^3）$$

（2）工程量计算规则

沉井填心工程量按设计图示尺寸以体积计算。

5. 钢封门

（1）计算公式

$$m = \rho V \quad （t）$$

式中　m——钢封门工程量，t；

　　　ρ——钢的密度，t/m³；

　　　V——钢封门的体积，m³。

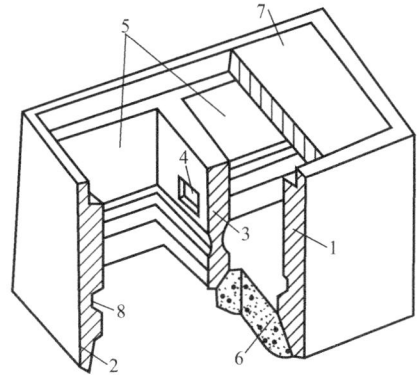

图 4-2　沉井构造

1—井壁；2—刃脚；3—内隔墙；4—人孔；
5—取土孔；6—封底；7—顶板；8—凹槽

（2）工程量计算规则

钢封门安、拆工程量按施工图用量以质量计算。

4.1.6　混凝土结构工程量

1. 混凝土地梁、底板、墙、平台、顶板

（1）计算公式

$$工程量 = 图示长度 \times 宽度 \times 厚度 \quad （m^3）$$

（2）工程量计算规则

混凝土地梁、钢筋混凝土底板、混凝土墙、混凝土平台、顶板工程量按设计图示尺寸以体积计算。

2. 混凝土柱

（1）计算公式

$$工程量 = 图示横断面积 \times 混凝土柱的高度 \quad （m^3）$$

（2）工程量计算规则

混凝土柱工程量按设计图示尺寸以体积计算。

3. 混凝土梁（梁柱交接）

（1）清单工程量

1）计算公式

$$工程量 = 图示横断面积 \times 混凝土梁的总长度 \quad （m^3）$$

2）工程量计算规则

混凝土梁工程量按设计图示尺寸以体积计算。

（2）定额工程量

1）计算公式

$$工程量 = 图示横断面积 \times 混凝土梁的柱间净长度 \quad （m^3）$$

2）工程量计算规则

按设计图示尺寸以体积计算。梁与柱交接，梁长算至柱侧面（即柱间净长）。

4. 圆隧道内架空路面

（1）计算公式

$$工程量 = 图示横断面积 \times 路面厚度 \quad （m^3）$$

（2）工程量计算规则

圆隧道内架空路面工程量按设计图示尺寸以体积计算。

4.1.7 沉管隧道工程量

1. 预制沉管底垫层

（1）计算公式

$$工程量 = 沉管底面积 \times 厚度 \quad （m^3）$$

（2）工程量计算规则

预制沉管底垫层工程量按设计图示尺寸以沉管底面积乘以厚度以体积计算。

2. 预制沉管混凝土板底、侧墙、顶板

（1）计算公式

$$工程量 = 沉管底面积 \times 厚度 \quad （m^3）$$

（2）工程量计算规则

预制沉管混凝土板底、预制沉管混凝土侧墙、预制沉管混凝土顶板工程量按设计图示尺寸以体积计算。

3. 沉管外壁防锚层

（1）计算公式

$$工程量 = 图示外表面积 \quad （m^2）$$

（2）工程量计算规则

沉管外壁防锚层工程量按设计图示尺寸以面积计算。

4. 预制沉管钢底板、端头钢封门、端头钢壳

（1）计算公式

$$m = \rho V = \rho(s \times c) \quad （t）$$

式中　m——工程量，t；

　　　　ρ——钢的密度，t/m³；

　　　　s——横截面积，m²；

　　　　c——厚度，m。

（2）工程量计算规则

预制沉管钢底板、端头钢封门、端头钢壳工程量按设计图示尺寸以质量计算。

5. 沉管管段浮运临时供电系统、供排水系统、通风系统

（1）计算公式

$$工程量 = 图示数量　（套）$$

（2）工程量计算规则

沉管管段浮运临时供电系统、沉管管段浮运临时供排水系统、沉管管段浮运临时通风系统工程量按设计图示管段数量计算。

6. 航道疏浚

（1）计算公式

$$工程量 = （河床原断面面积 - 管段浮运时设计断面面积）× 航道长度　（m³）$$

（2）工程量计算规则

航道疏浚工程量按河床原断面与管段浮运时设计断面之差以体积计算。

7. 沉管河床基槽开挖

（1）计算公式

$$工程量 = （河床原断面面积 - 槽设计断面面积）× 航道长度　（m³）$$

（2）工程量计算规则

沉管河床基槽开挖工程量按河床原断面与槽设计断面之差以体积计算。

8. 钢筋混凝土块沉石、基槽抛铺碎石、沉管底部压浆固封充填

（1）计算公式

$$工程量 = （河床原断面面积 - 槽设计断面面积）× 航道长度　（m³）$$

（2）工程量计算规则

钢筋混凝土块沉石、基槽抛铺碎石、沉管底部压浆固封充填工程量按设计图示尺寸以体积计算。

9. 管段沉放连接

（1）计算公式

$$工程量 = 图示数量　（节）$$

（2）工程量计算规则

管段沉放连接工程量按设计图示数量计算。

10. 砂肋软体排覆盖

（1）计算公式

$$工程量 = 沉管顶面积 + 侧面外表面积　（m²）$$

（2）工程量计算规则

砂肋软体排覆盖工程量按设计图示尺寸以沉管顶面积加侧面外表面积计算。

4.2 隧道工程工程量手算实例解析

【例 4-1】 某隧道工程施工，全长为长 380m，岩层为次坚石，无地下水，采用平洞开挖，光面爆破，并进行拱圈砌筑和边墙砌筑，砌筑材料为粗石料砂浆，其设计尺寸如图 4-3 所示，试计算该段隧道开挖和砌筑工程量。

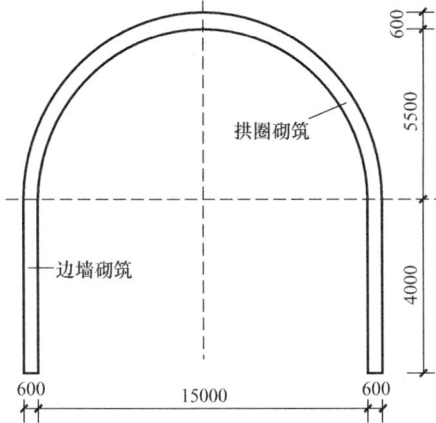

图 4-3 拱圈和边墙砌筑示意图

（3）边墙砌筑工程量

【解】

（1）平洞开挖工程量

$$V_{平洞} = \left[\frac{1}{2} \times 3.14 \times (5.5 + 0.6)^2 + 4 \right. $$
$$\left. \times (15 + 0.6 \times 2) \right] \times 380$$
$$= 46823.49 \text{m}^3$$

（2）拱圈砌筑工程量

$$V_{拱圈} = \left(\frac{1}{2} \times 3.14 \times 6.1^2 - \frac{1}{2} \times 3.14 \right. $$
$$\left. \times 5.5^2 \right) \times 380$$
$$= 4152.34 \text{m}^3$$

$$V_{边墙} = 4 \times 0.6 \times 380 \times 2$$
$$= 1824 \text{m}^3$$

【例 4-2】 某市政隧道工程断面设计图如图 4-4 所示，根据当地地质勘测知，施工段无地下水，岩石类别为特坚石隧道全长 1000m，且均采取光面爆破，要求挖出的石渣运至洞口外 1500m 处。现拟浇筑钢筋混凝土 C50 衬砌以加强隧道拱部和边墙受压力，已知混凝土为粒式细石料厚度 20cm，求混凝土衬砌工程量。

【解】

（1）清单工程量

1）混凝土顶拱衬砌

$$V_{顶拱} = \frac{1}{2} \times 3.14 \times (6.5^2 - 6^2) \times 1000$$
$$= 9812.5 \text{m}^3$$

2）混凝土边墙衬砌

$$V_{边墙} = 2 \times 0.5 \times 7 \times 1000$$
$$= 7000 \text{m}^3$$

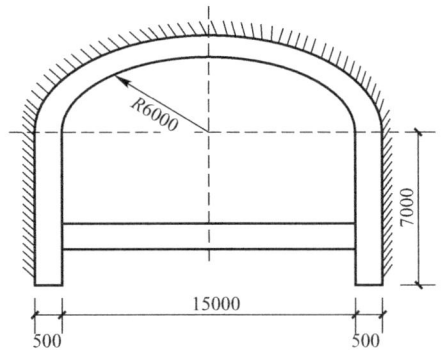

图 4-4 隧道断面图示意图

3）混凝土衬砌

$$V = V_{顶拱} + V_{边墙}$$
$$= 9812.5 + 7000$$
$$= 16812.5 \text{m}^3$$

（2）定额工程量

1）顶拱衬砌

$$V_{顶拱} = \frac{1}{2} \times 3.14 \times \left[(6.5 + 0.15)^2 - 6^2\right] \times 1000$$

$$= 12909.33 m^3$$

2）边墙衬砌

$$V_{边墙} = (0.5 + 0.1) \times 7 \times 2 \times 1000$$

$$= 8400 m^3$$

3）混凝土衬砌

$$V = V_{顶拱} + V_{边墙}$$

$$= 12909.33 + 8400$$

$$= 21309.33 m^3$$

【例 4-3】 某市隧道工程，由混凝土 C25，石粒最大粒径 15mm，沉井立面图及平面图如图 4-5 所示，沉井下沉深度为 15m，沉井封底及底板混凝土强度为 C20，石料最大粒径为 10mm，沉井填心采用碎石（20mm）及块石（200mm）。不排水下沉，求其工程量。

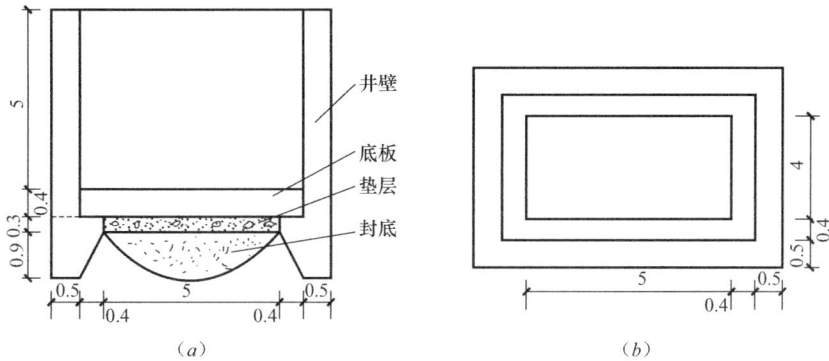

图 4-5　沉井示意图（单位：m）

（a）沉井立面图；（b）沉井平面图

【解】

（1）清单工程量

1）沉井井壁混凝土：

$V_1 = 5.4 \times (4 + 0.4 \times 2 + 0.5 \times 2) \times (5 + 0.5 \times 2 + 0.4 \times 2) + 0.3 \times 0.9 \times 2$

$\quad \times (0.8 + 5 + 0.5 \times 2 + 4) - (4 + 0.4 \times 2) \times (5 + 0.4 \times 2) \times 5.4$

$\quad = 68.44 m^3$

2）沉井下沉：

$$V_2 = (5.8 + 6.8) \times 2 \times (5 + 0.4 + 0.3 + 0.9) \times 15$$

$$= 793.8 m^3$$

3）沉井混凝土封底：

$$V_3 = 0.9 \times 5 \times 4$$

$$= 18 m^3$$

4）沉井混凝土底板：

$$V_4 = 0.4 \times 5.8 \times (4 + 0.4 \times 2)$$
$$= 11.14 m^3$$

5）沉井填心：

$$V_5 = 5 \times (5 + 0.4 \times 2) \times (4 + 0.4 \times 2)$$
$$= 139.2 m^3$$

（2）定额工程量

1）沉井井壁混凝土：

$$V_1 = 5.4 \times (4 + 0.4 \times 2 + 0.5 \times 2) \times (5 + 0.5 \times 2 + 0.4 \times 2) + 0.3 \times 0.9 \times 2$$
$$\times (0.8 + 5 + 0.5 \times 2 + 4) - (4 + 0.4 \times 2) \times (5 + 0.4 \times 2) \times 5.4$$
$$= 68.44 m^3$$

2）沉井下沉：

$$V_2 = (5.8 + 6.8) \times 2 \times (5 + 0.4 + 0.3 + 0.9) \times 15$$
$$= 793.8 m^3$$

3）沉井混凝土封底：

$$V_3 = 0.9 \times 5 \times 4$$
$$= 18 m^3$$

4）沉井混凝土底板：

$$V_4 = 0.4 \times 5.8 \times (4 + 0.4 \times 2)$$
$$= 11.14 m^3$$

5）沉井填心：

$$V_5 = 5 \times (5 + 0.4 \times 2) \times (4 + 0.4 \times 2)$$
$$= 139.2 m^3$$

【例 4-4】 某隧道安设防爆门，若此隧道全长 2200m，每隔 25m 设一扇门，则此工程防爆门工程量是多少。

【解】

防爆门扇数：

$$\left(\frac{2200}{25} - 1\right) \times 2 = 174 \text{ 扇}$$

【例 4-5】 某市政隧道工程，隧道全长为 50m，竖井深度为 100m，竖井布置如图 4-6 所示，采用全断面开挖，一般爆破，岩石类别为次坚石，开挖后废渣采用轻轨斗车运至洞口 100m 处。用 C30 混凝土砂浆砌筑隧道拱圈和边墙 28cm，用 C25 混凝土对竖井进行衬砌 20cm，并在距洞口 3m 处，每隔 7m 安装一个集水井，试计算竖井开挖、混凝土竖井衬砌、拱圈衬砌、边墙衬砌、隧道内集水井、隧道内旁信道开挖工程量。

【解】

（1）竖井开挖工程量：

$$V_1 = \frac{1}{2} \times 3.14 \times (3 + 0.2)^2 \times 100$$
$$= 1607.68 m^3$$

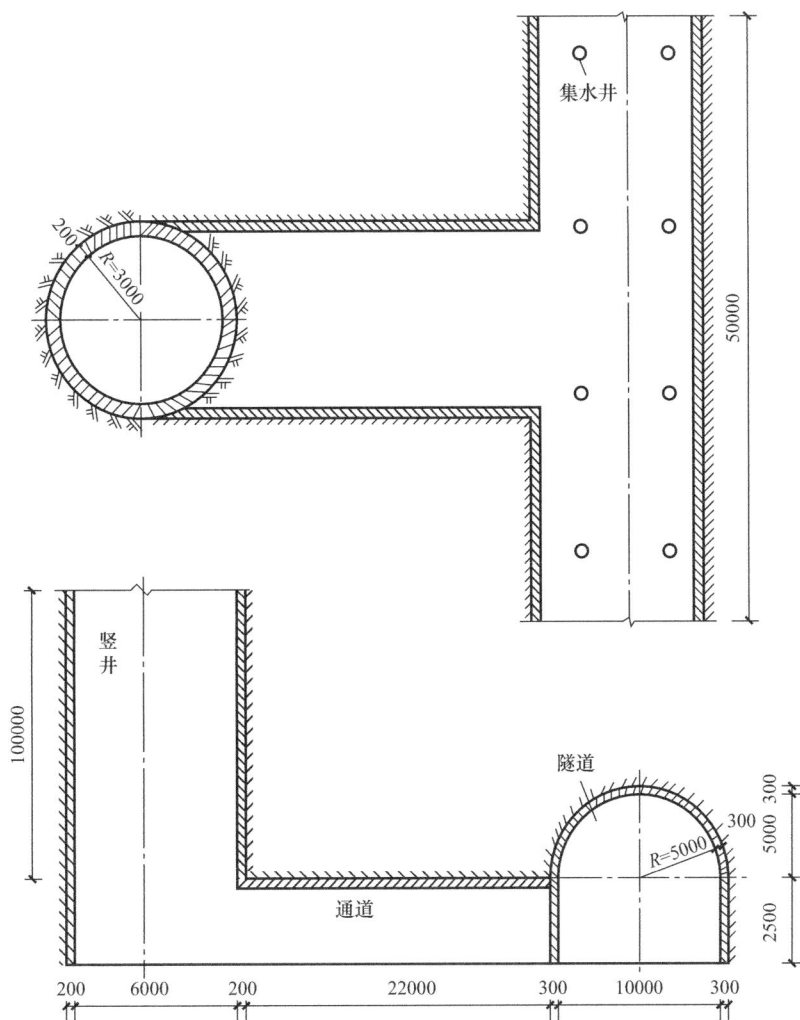

图 4-6　竖井内部布置示意图

（2）混凝土竖井衬砌工程量：

$$V_2 = \left(\frac{1}{2} \times 3.14 \times 3.2^2 - \frac{1}{2} \times 3.14 \times 3^2 \right) \times 100$$

$$= 194.68 \text{m}^3$$

（3）拱圈砌筑工程量

$$V_3 = \left(\frac{1}{2} \times 3.14 \times 5.3^2 - \frac{1}{2} \times 3.14 \times 5^2 \right) \times 50$$

$$= 242.57 \text{m}^3$$

（4）边墙砌筑工程量

$$V_4 = 0.3 \times 2.5 \times 50 \times 2$$

$$= 75 \text{m}^3$$

（5）隧道内信道开挖工程量

$$V_5 = 6.4 \times 2.5 \times 22$$

$$= 352\text{m}^3$$

（6）隧道内集水井工程量

$$n = 2 \times \left[2 \times \frac{50 + 3 \times 2}{7} + 1 \right]$$
$$= 34 \text{ 座}$$

【例 4-6】 如图 4-7 所示为有梁板混凝土柱示意图，试计算其工程量。

【解】

有梁板混凝土柱工程量：

$$V = 0.6 \times 0.6 \times (5 + 5)$$
$$= 3.6\text{m}^3$$

【例 4-7】 某市政隧道工程，在 K0＋100～K0＋200 施工段设置隧道弓形底板，如图 4-8 所示，混凝土强度等级为 C30，石料最大粒径为 20mm，求其工程量。

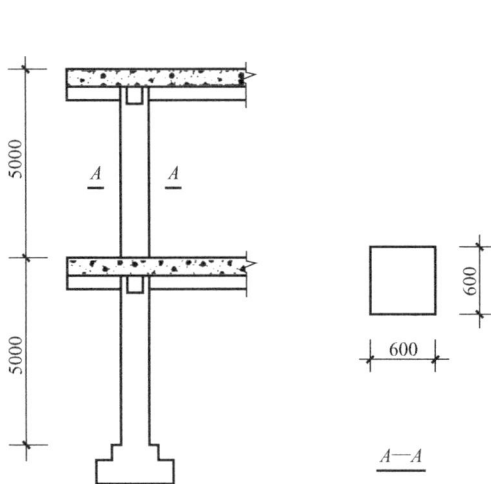

图 4-7　有梁板混凝土柱示意图

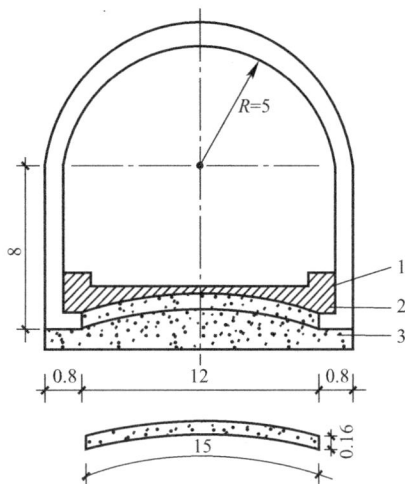

图 4-8　隧道内衬弓形底板示意图（单位：m）
1—面层；2—弓形底板；3—垫层

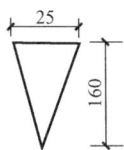

【解】

隧道内衬弓形底板工程量：

$$V = 15 \times 0.16 \times 100$$
$$= 240(\text{m}^3)$$

【例 4-8】 某市隧道工程施工需要锚杆支护，采用楔缝式锚杆，局部支护，钢筋直径为 20mm，锚杆的具体尺寸如图 4-9 所示，球钢筋用量（采用 Q235 钢筋，2.47kg/m）。试计算锚杆工程量。

【解】

（1）清单工程量

$$m = 2.47 \times 2.5$$
$$= 6.18\text{kg} = 0.006\text{t}$$

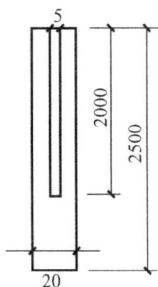

图 4-9　锚杆尺寸图　一根锚杆的工程量为 0.006t

（2）定额工程量

根据隧道内衬工程量计算规则：锚杆按 $\phi 22$ 计算，若实际不同时，做系统调整，对于 $\phi 20$ 的锚杆，调整系数为 1.21。

$$2.47 \times 2.5 \times 1.21$$
$$= 7.47\text{kg} = 0.007\text{t}$$

【例 4-9】 某隧道在 K1+000～K1+180 段采用盾构施工，设置预制钢筋混凝土管片，如图 4-10 所示，外直径为 18m，内直径为 15m，外弧长为 16m，内弧长为 14m，宽度为 8m，混凝土强度为 C40，石料最大粒径为 15mm，求预制钢筋混凝土管片工程量。

【解】

（1）清单工程量

$$V = \frac{1}{2} \times \left(16 \times \frac{18}{2} - 14 \times \frac{15}{2}\right) \times 8$$
$$= 156\text{m}^3$$

（2）定额工程量

由隧道盾构法掘进工程量计算规则可知：预制混凝土管片工程量按实体积加 1% 损耗计算。

$$V = \frac{1}{2} \times \left(16 \times \frac{18}{2} - 14 \times \frac{15}{2}\right) \times 8 \times (1 + 1\%)$$
$$= 157.56\text{m}^3$$

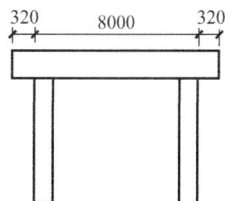

【例 4-10】 某混凝土梁布置图如图 4-11 所示，梁尺寸为 500mm×500mm，采用 C30 混凝土，求混凝土梁工程量。

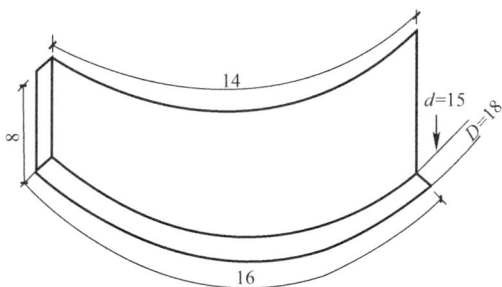

图 4-10　预制钢筋混凝土管片示意图（单位：m）　　　图 4-11　混凝土梁布置图

【解】

（1）清单工程量

混凝土梁工程量：

$$0.5 \times 0.5 \times 8.64$$
$$= 2.16\text{m}^3$$

（2）定额工程量

混凝土梁工程量：

$$0.5 \times 0.5 \times 8$$
$$= 2\text{m}^3$$

【例 4-11】 某一隧道工程在 K1+050～K1+280 施工段，利用管节垂直顶升进行隧道推进，顶力可达 4×10^3 kN，管节采用钢筋混凝土制成，管节长度为 4m，管节垂直顶升长度为 60m，求管节垂直顶升工程量。

【解】

（1）清单工程量

首节顶升长度：60m。

（2）定额工程量

管节数：

$$60 \div 4$$
$$= 15 \text{ 节}$$

【例 4-12】 某沉井利用钢铁制作钢封门，其尺寸构造如图 4-12 所示，安装的钢封门厚 0.2m，试求此钢封门工程量（$\rho_{钢} = 7.78 \text{t/m}^3$）。

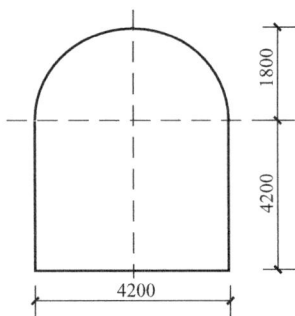

【解】

（1）清单工程量

钢封门工程量：

$$\left(\frac{1}{2} \times 3.14 \times 1.8^2 + 4.2 \times 4.2 \right) \times 0.2 \times 7.78$$

$$= 35.36 \text{t}$$

（2）定额工程量

定额工程量同清单工程量。

图 4-12 钢封门尺寸布置图

【例 4-13】 某城市隧道的设计断面如图 4-13 所示，隧道总长 150m，洞口桩号为 K3＋300

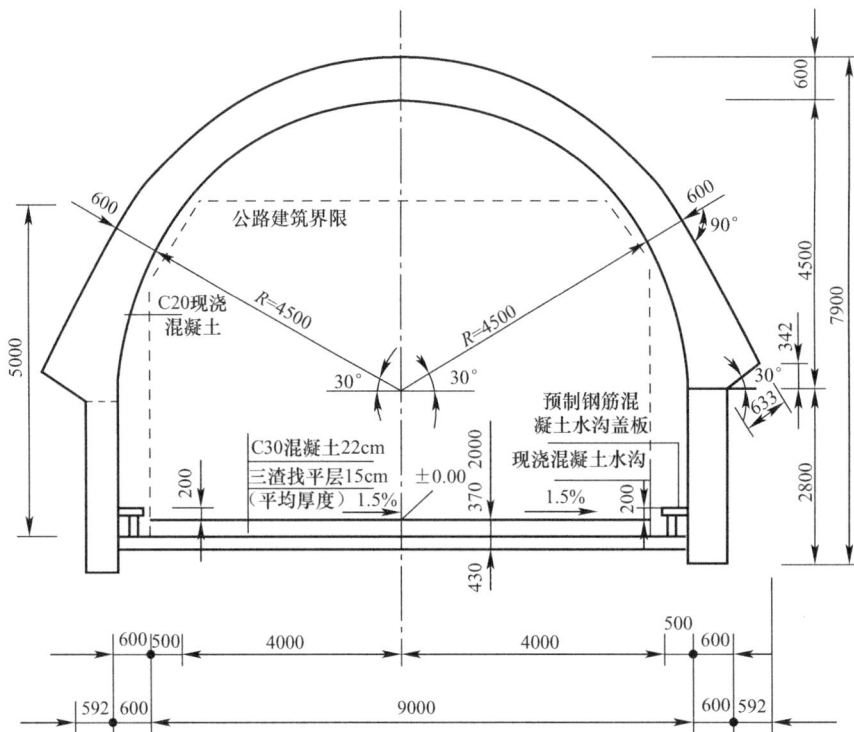

图 4-13 隧道洞口断面示意图

和 K3＋450，其中 K3＋320～K3＋370 段岩石为普坚石，此段设计开挖断面积为 66.67m²，拱部衬砌断面积为 10.17m²，边墙厚为 600mm，混凝土强度等级为 C20，边墙断面积为 3.638m²，采用光面爆破，全断面开挖。设计要求主洞超挖部分必须用与衬砌同强度等级混凝土充填，招标文件要求开挖出的废渣运至距洞口 900m 处弃场弃置（两洞口外 900m 处均有弃置场地）。

施工方案如下：

现根据招标文件及设计图和工程量清单表作综合单价分析：

1）从工程地质图和以前进洞 20m 已开挖的主洞看石岩比较好，拟用光面爆破，全断面开挖。

2）衬砌采用先拱后墙法施工，对已开挖的主洞及时衬砌，减少岩面暴露时间，以利安全。

3）出渣运输用挖掘机装渣，自卸汽车运输。模板采用钢模板、钢模架。

现根据上述条件编制隧道 K3＋320～K3＋370 段的隧道开挖和衬砌工程分部分项工程和单价措施项目清单与计价表和综合单价分析表。

【解】

（1）工程量清单编制

1）清单工程量：

① 平洞开挖清单工程量：

$$66.67 \times 50 = 3333.5 \text{m}^3$$

② 衬砌清单工程量：

拱部：$10.17 \times 50 = 508.50 \text{m}^3$

边墙：$3.36 \times 50 = 168.00 \text{m}^3$

2）分部分项工程和单价措施项目清单与计价表见表 4-2。

分部分项工程和单价措施项目清单与计价表   表 4-2

工程名称：某城市隧道工程   标段：K3＋320～3＋370   第 1 页 共 1 页

序号	项目编号	项目名称	项目特征描述	计量单位	工程数量	金额/元	
						综合单价	合价
1	040401001001	平洞开挖	1. 岩石类别：普坚石 2. 开挖断面：66.67m² 3. 爆破要求：光面爆破	m³	3333.50		
2	040402002001	混凝土顶拱衬砌	1. 部位：衬砌拱顶 2. 厚度：60cm 3. 混凝土强度等级：C20	m³	508.5		
3	040402003001	混凝土边墙衬砌	1. 部位：衬砌边墙 2. 厚度：60cm 3. 混凝土强度等级：C20	m³	168.00		
			合计				

（2）工程量清单计价编制

1）施工工程量计算：

① 主洞开挖量计算。设计开挖断面积为 66.67m²，超挖断面积为 3.26m²，施工开挖量为 (66.67＋3.26)×50＝3496.5m³。

② 拱部混凝土量计算。拱部设计衬砌断面为 10.17m²，超挖充填混凝土断面积为 2.58m²，拱部施工衬砌量为 (10.17＋2.58)×50＝637.50m³。

③ 边墙衬砌量计算。边墙设计断面积为 3.36m²，超挖充填断面积为 0.68m²，边墙施工衬砌量为 (3.36＋0.68)×50＝202.0m³。

2) 定额拟按《全国统一市政工程预算定额》（GYD-304—1999）"隧道工程"记取。管理费按直接费的 15% 考虑，利润按直接费的 8% 考虑。

根据上述考虑作如下综合单价分析（表 4-3～表 4-5），分部分项工程和单价措施项目清单与计价表见表 4-6。

综合单价分析表（一）

表 4-3

工程名称：某城市隧道工程　　　　标段：K3＋320～3＋370　　　　第 1 页 共 3 页

项目编码	040401001001	项目名称	平洞开挖		计量单位	m³	工程量	3333.50

清单综合单价组成明细

定额编号	定额项目名称	定额单位	数量	单价				合价			
				人工费	材料费	机械费	管理费和利润	人工费	材料费	机械费	管理费和利润
4-20	平洞全断面开挖，光面爆破	100m³	0.01	999.69	669.96	1974.31	838.11	10.0	6.70	19.74	8.38
4-54	平洞出渣，运距 1000m 以内	100m³	0.01	25.17	—	1804.55	420.84	0.25	—	18.05	4.21
人工单价		小计						10.25	6.70	37.79	12.59
22.47 元/工日		未计价材料费									

清单项目综合单价				67.33			

材料费明细	主要材料名称、规格、型号	单位	数量	单价（元）	合价（元）	暂估单价（元）	暂估合价（元）
	电雷管（迟发）带脚线 2.5m	个	1.73	0.25	0.43		
	硝铵炸药	kg	1.15	3.55	4.08		
	胶质导线 BV-2.5mm	m	0.67	0.27	0.18		
	胶质导线 BV-4.0mm	m	0.18	0.37	0.07		
	合金钻头（一字形）	个	0.07	5.40	0.38		
	六角空心钢 22～25	kg	0.11	3.15	0.35		
	高压胶皮风管 φ25－69－20m	m	0.03	12.48	0.37		
	高压胶皮风管 φ19－69－20m	m	0.03	19.61	0.59		
	水	m³	0.25	0.45	0.11		
	电	kW·h	0.11	0.35	0.04		
	其他材料费			—	0.13	—	
	材料费小计			—	6.70	—	

综合单价分析表（二）

表 4-4

工程名称：某城市隧道工程　　　　标段：K3＋320～3＋370　　　　第 2 页　共 3 页

项目编码	040402002001	项目名称	混凝土顶拱衬砌	计量单位	m³	工程量	508.5

清单综合单价成明细

定额编号	定额项目名称	定额单位	数量	单价				合价			
				人工费	材料费	机械费	管理费和利润	人工费	材料费	机械费	管理费和利润
4-91	平洞拱部混凝土衬砌	10m³	0.125	709.15	10.39	137.06	197.02	88.64	1.30	17.13	24.63
人工单价		小计						88.64	1.30	17.13	24.63
22.47 元/工日		未计价材料费						306.07			
清单项目综合单价								437.77			

材料费明细	主要材料名称、规格、型号	单位	数量	单价（元）	合价（元）	暂估单价（元）	暂估合价（元）
	C20 混凝土	m³	1.27	241	306.07		
	其他材料费			—		—	
	材料费小计			—	306.07	—	

综合单价分析表（三）

表 4-5

工程名称：某城市隧道工程　　　　标段：K3＋320～3＋370　　　　第 3 页　共 3 页

项目编码	040402003001	项目名称	混凝土边墙衬砌	计量单位	m³	工程量	168.00

清单综合单价组成明细

定额编号	定额项目名称	定额单位	数量	单价				合价			
				人工费	材料费	机械费	管理费和利润	人工费	材料费	机械费	管理费和利润
4-109	混凝土边墙衬砌	10m³	0.12	535.91	9.18	106.14	155.45	64.31	1.10	12.74	18.65
人工单价		小计						64.31	1.10	12.74	18.65
22.47 元/工日		未计价材料费						294.02			
清单项目综合单价								390.82			

材料费明细	主要材料名称、规格、型号	单位	数量	单价（元）	合价（元）	暂估单价（元）	暂估合价（元）
	C20 混凝土	m³	1.22	241	294.02		
	其他材料费			—		—	
	材料费小计			—	294.02	—	

分部分项工程和单价措施项目清单与计价表

表 4-6

工程名称：某城市隧道工程　　　　标段：K3＋320～3＋370　　　　第 1 页　共 1 页

序号	项目编号	项目名称	项目特征描述	计量单位	工程数量	金额/元	
						综合单价	合价
1	040401001001	平洞开挖	1. 岩石类别:普坚石 2. 开挖断面:66.67m² 3. 爆破要求:光面爆破	m³	3333.50	67.33	224444.56
2	040402002001	混凝土拱部衬砌	1. 部位：衬砌拱顶 2. 厚度：60cm 3. 混凝土强度等级：C20	m³	508.50	437.77	222606.05
3	040402003001	混凝土边墙衬砌	1. 部位：衬砌边墙 2. 厚度：60cm 3. 混凝土强度等级：C20	m³	168.00	390.82	65657.76
合计							512708.40

5 管网工程手工算量与实例精析

5.1 管网工程工程量手算方法

5.1.1 管道铺设工程量

1. 混凝土管

（1）清单工程量

1）计算公式

$$工程量 = 图示长度 \quad (m)$$

2）工程量计算规则及说明

混凝土管工程量按设计图示中心线长度以延长米计算。不扣除附属构筑物、管件及阀门等所占长度。

钢筋混凝土排水管规格见表 5-1。

<table>
<tr><td colspan="6" style="text-align:center">钢筋混凝土排水管规格   表 5-1</td></tr>
<tr><td colspan="3" style="text-align:center">轻型钢筋混凝土管（mm）</td><td colspan="3" style="text-align:center">重型钢筋混凝土管（mm）</td></tr>
<tr><td>公称内径</td><td>最小壁厚</td><td>最小管长</td><td>公称内径</td><td>最小壁厚</td><td>最小管长</td></tr>
<tr><td>100</td><td>25</td><td rowspan="13">2000</td><td>—</td><td>—</td><td rowspan="13">2000</td></tr>
<tr><td>150</td><td>25</td><td>—</td><td>—</td></tr>
<tr><td>200</td><td>27</td><td>—</td><td>—</td></tr>
<tr><td>250</td><td>28</td><td>—</td><td>—</td></tr>
<tr><td>300</td><td>30</td><td>300</td><td>58</td></tr>
<tr><td>350</td><td>33</td><td>350</td><td>60</td></tr>
<tr><td>400</td><td>35</td><td>400</td><td>65</td></tr>
<tr><td>450</td><td>40</td><td>450</td><td>67</td></tr>
<tr><td>500</td><td>42</td><td>550</td><td>75</td></tr>
<tr><td>600</td><td>50</td><td>650</td><td>80</td></tr>
<tr><td>700</td><td>55</td><td>750</td><td>90</td></tr>
<tr><td>800</td><td>65</td><td>850</td><td>95</td></tr>
<tr><td>900</td><td>70</td><td>950</td><td>100</td></tr>
<tr><td>1000</td><td>75</td><td></td><td>1050</td><td>110</td><td></td></tr>
<tr><td>1100</td><td>85</td><td></td><td>1300</td><td>125</td><td></td></tr>
<tr><td>1200</td><td>90</td><td></td><td>1550</td><td>175</td><td></td></tr>
<tr><td>1350</td><td>100</td><td></td><td>—</td><td>—</td><td></td></tr>
<tr><td>1500</td><td>115</td><td></td><td>—</td><td>—</td><td></td></tr>
<tr><td>1650</td><td>125</td><td></td><td>—</td><td>—</td><td></td></tr>
<tr><td>1800</td><td>140</td><td></td><td>—</td><td>—</td><td></td></tr>
</table>

（2）定额工程量

1）计算公式

$$工程量 = (L - l_1 \times n) \quad (m)$$

式中 L——图示总长度，m；

l_1——每座检查井扣除长度，m；

n——检查井个数，座。

2）工程量计算规则

各种角度的混凝土基础、混凝土管、缸瓦管铺设，井中至井中的中心扣除检查井长度，以延米计算工程量。每座检查井扣除长度按表 5-2 计算。

每座检查井扣除长度　　　　　　　表 5-2

检查井规格（mm）	扣除长度（m）	检查井规格	扣除长度（m）
ϕ700	0.4	各种矩形井	1.0
ϕ1000	0.7	各种交汇井	1.20
ϕ1250	0.95	各种扇形井	1.0
ϕ1500	1.2	圆形跌水井	1.60
ϕ2000	1.70	矩形跌水井	1.70
ϕ2500	2.20	阶梯式跌水井	按实扣

2. 钢管、铸铁管、塑料管、保温管

（1）计算公式

$$工程量 = 图示长度 \quad (m)$$

（2）工程量计算规则

1）清单工程量计算规则

钢管、铸铁管、塑料管、直埋式预制保温管工程量按设计图示中心线长度以延长米计算。不扣除附属构筑物、管件及阀门等所占长度。

2）定额工程量计算规则

① 管道安装均按施工图中心线的长度计算（支管长度从主管中心开始计算到支管末端交接处的中心），管件、阀门所占长度已在管道施工损耗中综合考虑，计算工程量时均不扣除其所占长度。

② 管道安装均不包括管件（指三通、弯头、异径管）、阀门的安装，管件安装执行给水工程有关定额。

③ 遇有新旧管连接时，管道安装工程量计算到碰头的阀门处，但阀门及与阀门相连的承（插）盘短管、法兰盘的安装均包括在新旧管连接定额内，不再另计。

④ 埋地钢管使用套管时（不包括顶进的套管），按套管管径执行同一安装项目。

⑤ 套管封堵的材料费可按实际耗用量调整。铸铁管安装按 N1 和 X 型接口计算，如采用 N 型和 SMJ 型人工乘以系数 1.05。

3. 管道架空跨越

（1）计算公式

$$工程量 = 图示长度 \quad (m)$$

（2）工程量计算规则

管道架空跨越工程量按设计图示中心线长度以延长米计算。不扣除管件及阀门等所占长度。

4. 隧道（沟、管）内管道

（1）计算公式

$$工程量 = 图示长度 \quad （m）$$

（2）工程量计算规则

隧道（沟、管）内管道工程量按设计图示中心线长度以延长米计算。不扣除附属构筑物、管件及阀门等所占长度。

5. 水平导向钻进、夯管、顶管

（1）计算公式

$$工程量 = 图示长度 － 附属构筑物长度 \quad （m）$$

（2）工程量计算规则

水平导向钻进、夯管、顶管工程量按设计图示中心线长度以延长米计算。不扣除附属构筑物、管件及阀门等所占长度。

6. 工作坑

（1）计算公式

$$工程量 = 图示数量 \quad （座）$$

（2）工程量计算规则

顶（夯）管工作坑、预制混凝土工作坑工程量按设计图示数量计算。

7. 土壤加固

（1）计算公式

$$工程量 = 图示长度 \quad （m）$$

或

$$工程量 = 加固长度 \times 加固宽度 \times 加固厚度 \quad （m^3）$$

（2）工程量计算规则

1）按设计图示加固段长度以延长米计算。

2）按设计图示加固段体积以立方米计算。

8. 新旧管连接

（1）计算公式

$$工程量 = 图示数量 \quad （处）$$

（2）工程量计算规则

新旧管连接工程量按设计图示数量计算。

9. 临时放水管线

（1）计算公式

$$工程量 = 图示长度 \quad （m）$$

（2）工程量计算规则

临时放水管线工程量按放水管线长度以延长米计算，不扣除管件、阀门所占长度。

10. 方沟渠道

（1）计算公式

$$工程量 = 图示长度 \quad （m）$$

（2）工程量计算规则

砌筑方沟、混凝土方沟、砌筑渠道、混凝土渠道工程量按设计图示尺寸以延长米计算。

11. 警示（示踪）带铺设

（1）计算公式

$$工程量 = 铺设长度 \quad （m）$$

（2）工程量计算规则

警示（示踪）带铺设工程量按铺设长度以延长米计算。

5.1.2 管件、阀门及附件工程量

1. 管件

（1）计算公式

$$工程量 = 图示数量 \quad （个）$$

（2）工程量计算规则

铸铁管管件、钢管管件制作、安装、塑料管管件、转换件工程量按设计图示数量计算。

1）对焊钢制管件如图 5-1 所示。

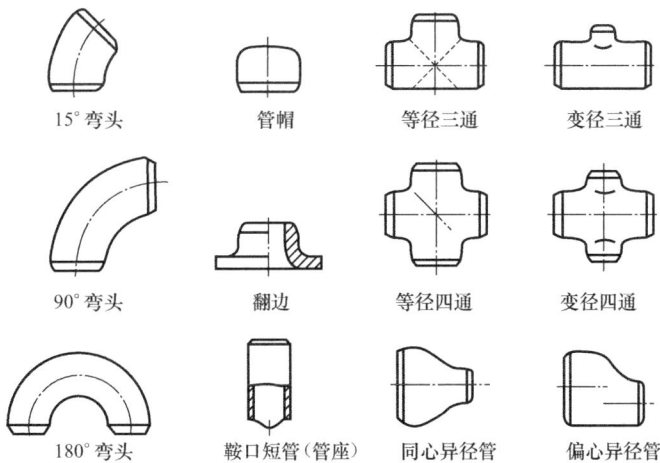

图 5-1 对焊钢制管件

2）给水铸铁管件如图 5-2 所示。

3）排水铸铁管件如图 5-3 所示。

2. 阀门、法兰、水表、消火栓、补偿器

（1）计算公式

$$工程量 = 图示数量 \quad （个）$$

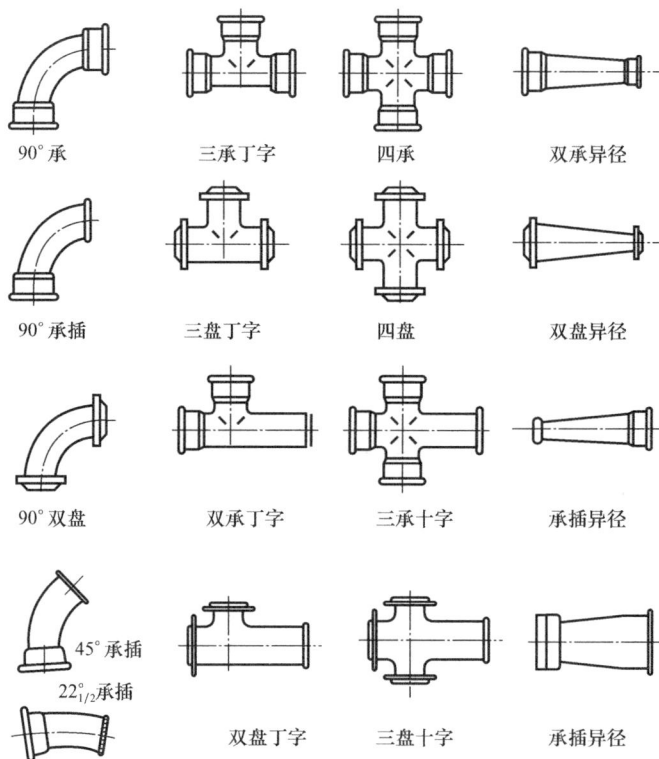

图 5-2 给水铸铁管件

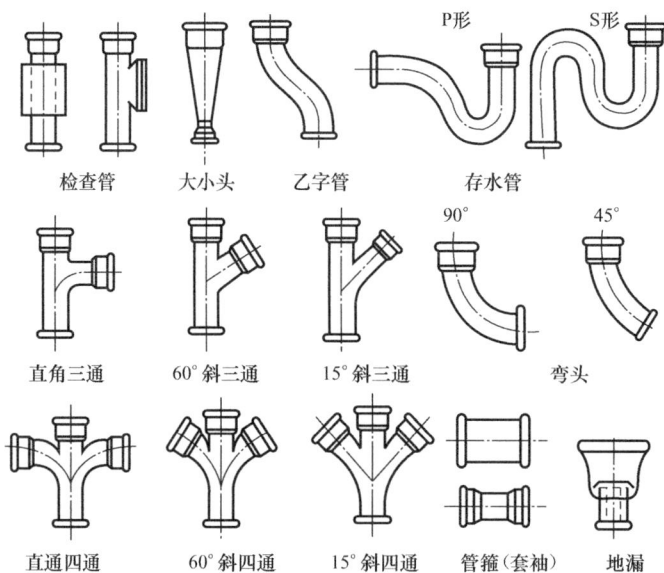

图 5-3 排水铸铁管件

（2）工程量计算规则

阀门、法兰、水表、消火栓、补偿器（波纹管）工程量按设计图示数量计算。

1）市政管网中常用阀门的图例宜符合表 5-3 的要求。

阀门图例

表 5-3

序号	名 称	图 例	序号	名 称	图 例
1	闸阀		20	电动隔膜阀	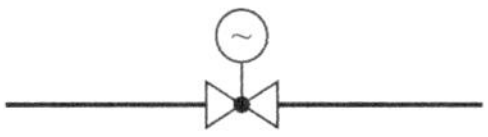
2	角阀	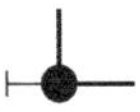	21	温度调节阀	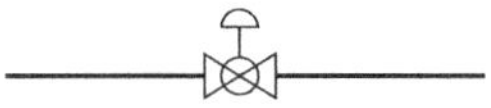
3	三通阀	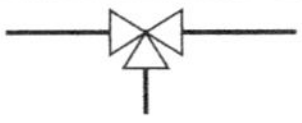	22	压力调节阀	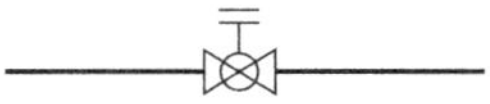
4	四通阀	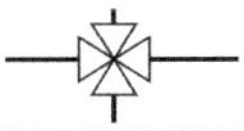	23	电磁阀	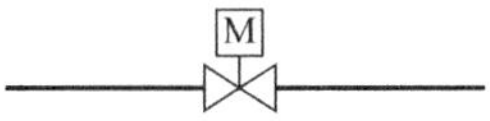
5	截止阀		24	止回阀	
6	蝶阀	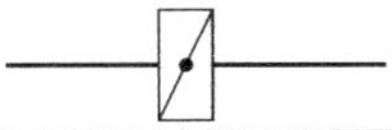	25	消声止回阀	
7	电动闸阀		26	持压阀	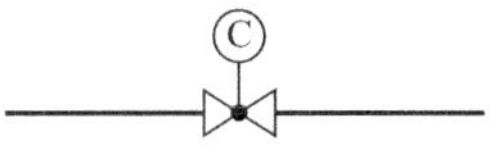
8	液动闸阀	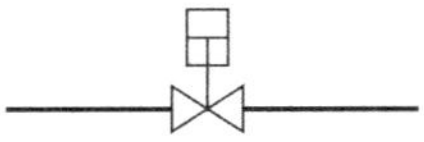	27	泄压阀	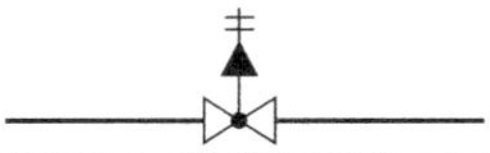
9	气动闸阀	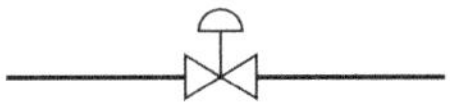	28	弹簧安全阀	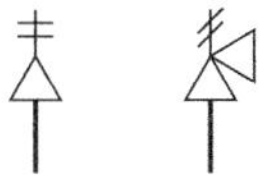 左侧为通用
10	电动蝶阀	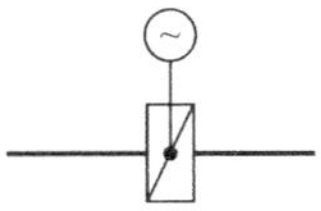	29	平衡锤安全阀	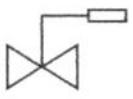
11	液动蝶阀	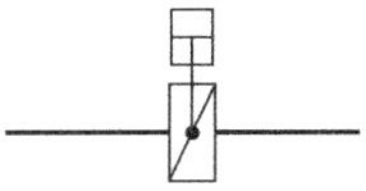	30	自动排气阀	 平面　系统
12	气动蝶阀	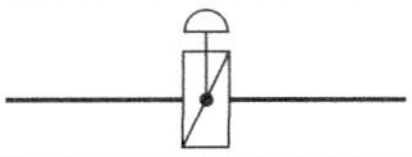	31	浮球阀	 平面　系统
13	减压阀	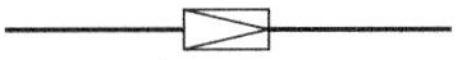 左侧为高压端	32	水力液位控制阀	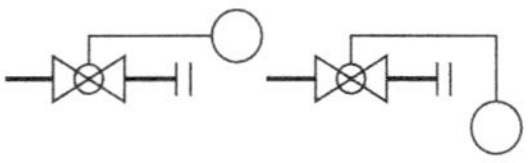 平面　系统
14	旋塞阀	 平面　系统	33	延时自闭冲洗阀	
15	底阀	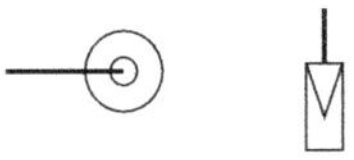 平面　系统	34	感应式冲洗阀	
16	球阀		35	吸水喇叭口	 平面　系统
17	隔膜阀	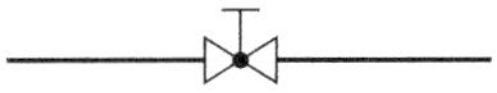	36	疏水阀	
18	气开隔膜阀	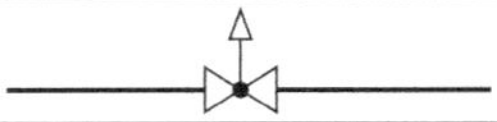			
19	气闭隔膜阀	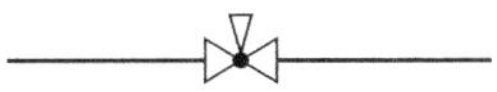			

123

2）市政管网工程中常用的仪表图例宜符合表 5-4 的要求。

仪表图例 表 5-4

序号	名称	图例	序号	名称	图例
1	温度计		8	真空表	
2	压力表		9	温度传感器	----[T]----
3	自动记录压力表		10	压力传感器	----[P]----
4	水表		11	PH 传感器	----[pH]----
5	压力控制器		12	酸传感器	----[H]----
6	自动记录流量表	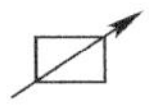	13	碱传感器	----[Na]----
7	转子流量计	平面 　系统	14	余氯传感器	----[Cl]----

3. 盲堵板、套管制作安装

（1）计算公式

$$工程量 ＝ 图示数量 \quad （个）$$

（2）工程量计算规则

盲堵板制作安装、套管制作安装工程量按设计图示数量计算。

4. 除污器组成、安装

（1）计算公式

$$工程量 ＝ 图示数量 \quad （套）$$

（2）工程量计算规则

除污器组成、安装工程量按设计图示数量计算。

5. 其他附件安装

（1）计算公式

$$工程量 ＝ 图示数量 \quad （组）$$

（2）工程量计算规则

凝水缸、调压器、过滤器、分离器、安全水封、检漏（水）管工程量按设计图示数量计算。

5.1.3 支架制作及安装工程量

1. 支墩

（1）计算公式

$$工程量 ＝ 图示横断面积 \times 高度 \quad （m^3）$$

（2）工程量计算规则

1）清单工程量计算规则

砌筑支墩、混凝土支墩工程量按设计图示尺寸以体积计算。

2）定额工程量计算规则

管道支墩按施工图以实体积计算，不扣除钢筋、铁件所占的体积。

2. 支架、吊架

（1）计算公式

$$m = \rho V \quad (t)$$

式中　m——工程量，t；

　　　ρ——金属密度，t/m³；

　　　V——金属支、吊架体积，m³。

（2）工程量计算规则

金属支架制作安装、金属吊架制作安装工程量按设计图示质量计算。

5.1.4　管道附属构筑物工程量

1. 砌筑井、混凝土井、塑料检查井

（1）计算公式

$$工程量 = 图示数量 \quad （座）$$

（2）工程量计算规则

1）清单工程量计算规则

砌筑井、混凝土井、塑料检查井工程量按设计图示数量计算。

2）定额工程量计算规则

检查井筒的砌筑适用于混凝土管道井深不同的调整和方沟井筒的砌筑，区分高度以"座"为单位计算，高度与定额不同时采用每增减 0.5m 计算。

如图 5-4 所示，圆形检查井主要由井底（包括基础）、井身和井盖（包括井盖座）组成。

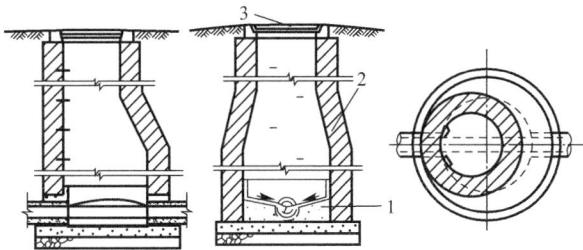

图 5-4　圆形检查井
1—井底；2—井身；3—井盖

2. 井筒

（1）计算公式

$$工程量 = 图示高度 \quad （m）$$

（2）工程量计算规则

砖砌井筒、预制混凝土井筒工程量按设计图示尺寸以"延米"计算。

3. 出水口、化粪池、雨水口

（1）计算公式

$$工程量 = 图示数量 \quad （座）$$

（2）工程量计算规则

砌体出水口、混凝土出水口、整体化粪池、雨水口工程量按设计图示数量计算。

5.2 管网工程工程量手算实例解析

【例5-1】 某市政排水工程，已知：

（1）雨水主干管长820m，采用 $\phi 650$mm 混凝土管，135°混凝土基础。

（2）雨水检查井15座，规格为 $\phi 1000$mm。

（3）单室雨水井20座，雨水口接入管采用 $\phi 250$mmUPVC加筋管，共10道，每道10m。

（4）污水主干管830m，采用 $\phi 425$mm 玻璃钢管。

（5）规格为 $\phi 1500$mm 的污水检查井12座，预留污水支管为 $\phi 350$mmUPVC加筋管，共8道，每道10m。

（6）其中玻璃钢管和UPVC加筋管管道基础为砂垫层忽略不计。

试求各种管道的基础及铺设长度以及各种井的座数，闭水实验长度。

【解】

（1）$\phi 650$ 混凝土管道基础（135°）及铺设

查表5-2可得，每座 $\phi 1000$ 检查井应扣除长度为0.7m。

$$L_1 = 820 - 15 \times 0.70$$
$$= 809.50（m）$$

（2）$\phi 425$ 玻璃钢管铺设

查表5-2可得，每座 $\phi 1500$ 检查井应扣除长度为1.2m。

$$L_2 = 830 - 12 \times 1.20$$
$$= 815.60（m）$$

（3）$\phi 250$UPVC加筋管铺设

$$L_3 = 100 - 10 \times 0.70$$
$$= 93（m）$$

（4）$\phi 350$UPVC加筋管铺设

$$L_4 = 80 - 8 \times 1.20$$
$$= 70.4（m）$$

（5）$\phi 1000$ 雨水检查井：15座

（6）$\phi 1500$ 污水检查井：12座

（7）单室雨水井：20座

（8）$\phi 650$ 以内管道闭水试验820m，$\phi 425$ 以内管道闭水实验830m。

【例5-2】 如图5-5所示为某排水工程管线示意图，管线长420m，有 *DN*500 和 *DN*600 两种管道，管子采用混凝土污水管（每节长2m），180°混凝土基础，水泥砂浆接口（180°管基），3座圆形直径为1000mm的检查井，试计算主要项目定额工程量。

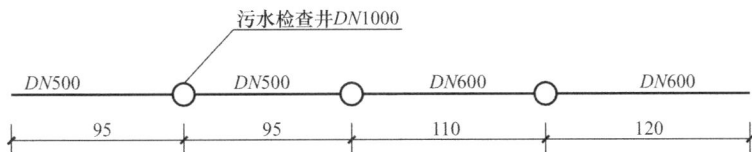

图 5-5 管线示意图（单位：m）

【解】

（1）管线基础

查表 5-2 可得，每座 $\phi1000$ 检查井应扣除长度为 0.7m。

$$L_1 = 420 - 0.7 \times 3$$
$$= 417.9\text{m} = 4.179(100\text{m})$$

（2）管道铺设

与管线基础相同为 4.179（100m）。

（3）管道接口

平（企）接口，工程计量单位是：10 个，管径有 500、600 两种水泥砂浆接口。

1）DN500 的混凝土管：

$$L_2 = 190 - (0.7 + 0.35)$$
$$= 188.95\text{m}$$

单根管长 2m，则需要接口为：

$$n_1 = \frac{188.95}{2} - 1$$
$$= 94 \text{ 个} = 9.4(10 \text{ 个})$$

2）DN600 的混凝土管：

$$L_3 = 230 - (0.7 + 0.35)$$
$$= 228.95\text{m}$$

则需要接口为：

$$n_2 = \frac{228.95}{2} - 1$$
$$= 114 \text{ 个} = 11.4(10 \text{ 个})$$

（4）闭水试验：420m＝4.2（100m）

（5）检查井：3 座。

【例 5-3】 城市某段市政给水管道如图 5-6 所示，其中，DN300 为新建镀锌钢管，水泥砂浆做内防腐。试求工程量。

【解】

（1）管道安装

1）DN200：

$$L_1 = 3.6\text{m}$$

2）DN300：

$$L_2 = 1400 - 1.3$$
$$= 1398.7\text{m}$$

127

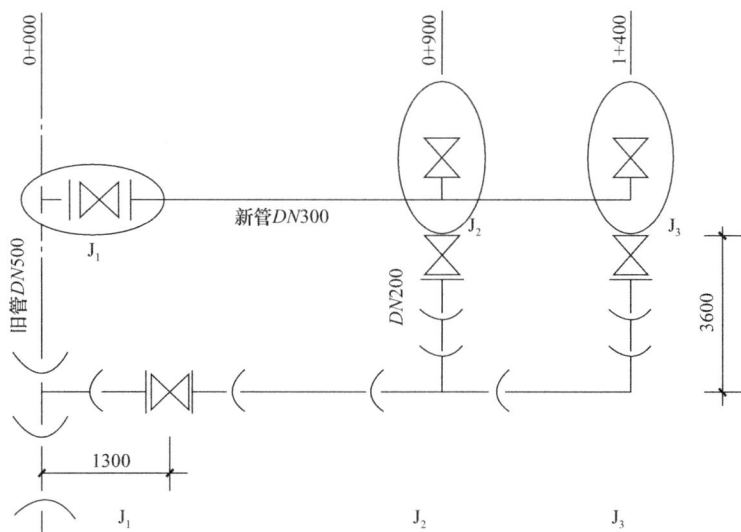

图 5-6　城市某段给水管道示意图（单位：mm）

（2）管件安装

1）双承一插三通（DN300、DN200）：1个

2）盘插短管（DN200）：1个

3）盘插短管（DN300）：1个

（3）阀门安装

1）DN200：1个

2）DN300：1个

（4）碰头

DN500：1处

（5）新建圆形直筒式阀门井

2座，井内径1.3m、井深2.1m。

【例5-4】　根据图5-7计算排水管的工程量。

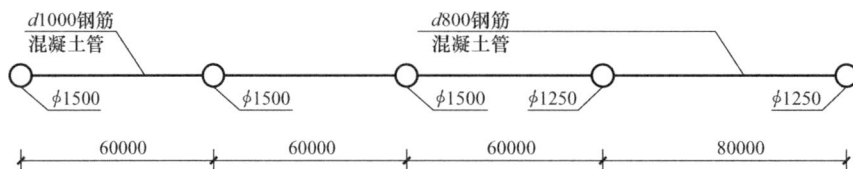

图 5-7　排水管示意图

【解】

（1）清单工程量

d1000管工程量：180m

d800管工程量为：80m

（2）定额工程量

查表5-2可得，每座 ϕ1250检查井应扣除长度为0.95m，每座 ϕ1500检查井应扣除长

度为 1.2m。

$$60 \times 3 - 1.2 \times 2 - \frac{1.2}{2} - \frac{0.95}{2}$$
$$=176.53m = 1.77(100m)$$

（3） $d800$ 钢筋混凝土管

$$80 - 0.95$$
$$=79.05m = 0.79(100m)$$

【例 5-5】 某市政大型排水砌筑渠道总长为 500m，其断面尺寸示意图如图 5-8 所示，试计算该渠道工程量。

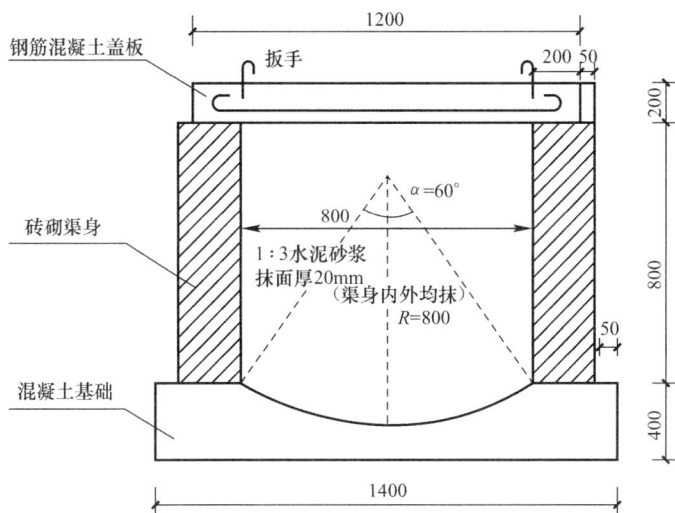

图 5-8 某大型砌筑渠道断面图

【解】

（1）砌筑渠道

砌筑渠道工程量：500m

（2）渠道基础

$$V_1 = \left[1.4 \times 0.4 - \left(\frac{1}{2} \times 0.8^2 \times \frac{\pi}{3} - \frac{\sqrt{3}}{4} \times 0.8^2 \right) \right] \times 500$$
$$= 251.1m^3$$

（3）墙身砌筑

$$V_2 = 0.8 \times 0.25 \times 500 \times 2$$
$$= 200m^3$$

（4）盖板预制

$$V_3 = 1.2 \times 0.2 \times 500$$
$$= 120m^3$$

（5）抹面

$$S_1 = 0.8 \times 500 \times 4$$

$$= 1600\text{m}^2$$

（6）防腐

防腐工程量：500m

【例5-6】 某城市新建了某一段市政给水管道，布设如图5-9所示，新建管路为石棉水泥接口，内防腐为水泥砂浆。求其安装主要工程量。

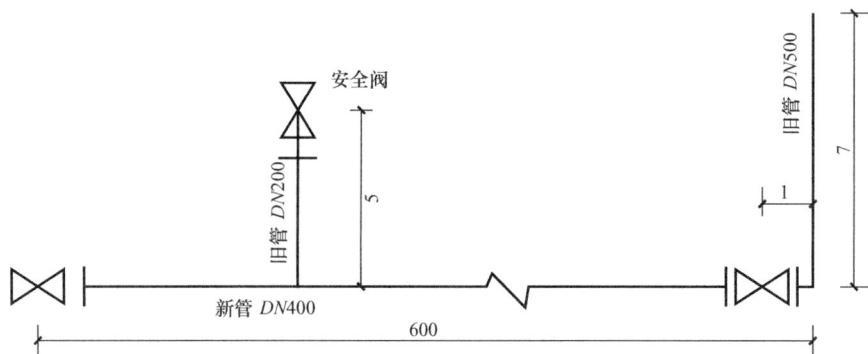

图5-9 某段给水管道布置图（单位：m）

【解】

（1）清单工程量

1）管道安装

① $DN400$：$L = 600$m

② $DN200$：$L = 5$m

③ $DN500$：$L = 7$m

2）安全阀门安装

① $DN400$：2个

② $DN200$：1个

3）碰头

① $DN500$：1处

② $DN200$：1处

（2）定额工程量

1）管道安装 $DN400$：

$$L = 600 - 1 = 599\text{m} = 59.9(10\text{m})$$

2）安全阀门安装：

$DN400$：2个；$DN200$：1个

3）碰头：

$DN500$：1个；$DN200$：1个

【例5-7】 某平行于河流布置的渗渠铺设在河床下，渗渠由水平集水管、集水井、检查井和泵站组成，其平面布置如图5-10所示，集水管为穿孔钢筋混凝土管，管径为600mm，其上布置圆形孔径。集水管外铺设人工反滤层，反滤层的层数、厚度和滤料粒径如图5-11所示。试计算工程量。

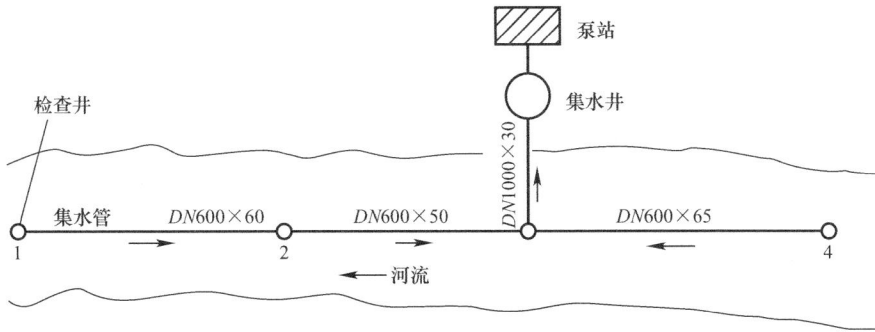

图 5-10 渗渠平面图

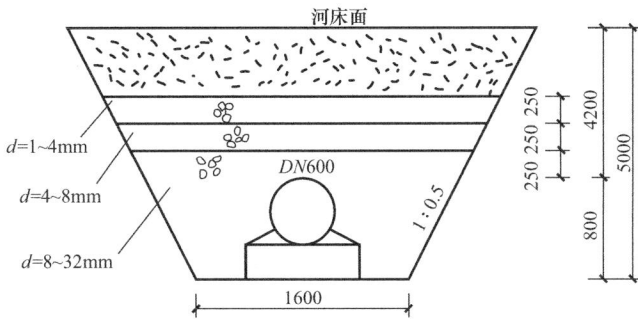

图 5-11 集水管断面图

【解】

（1）工程量清单

1）钢筋混凝土管道铺设（DN600）

$$60 + 50 + 65$$
$$= 175m$$

2）钢筋混凝土管道铺设（DN1000）：30m

3）滤料铺设（粒径在 1～4mm）

$$V = (1.6 + 2 \times 1.3 \times 0.5 + 0.5 \times 0.25) \times 0.25 \times 175$$
$$= 132.34m^3$$

4）滤料铺设（粒径在 4～8mm）

$$V = (1.6 + 2 \times 1.05 \times 0.5 + 0.5 \times 0.25) \times 0.25 \times 175$$
$$= 121.41m^3$$

5）滤料铺设（粒径在 8～32mm）

$$V = (1.6 + 2 \times 0.8 \times 0.5 + 0.5 \times 0.25) \times 0.25 \times 175$$
$$= 110.47m^3$$

（2）定额工程量

1）定额编号：5-438 混凝土渗渠制作 ϕ600

$$60 + 50 + 65$$
$$= 175m$$

2）定额编号：5-440 混凝土渗渠安装 $\phi600$

$$60+50+65$$
$$=175m=17.5(10m)$$

3）定额编号：5-442 滤料粒径（8mm 以内）

$$132.34+121.41$$
$$=253.75m^3=25.38(10m^3)$$

4）定额编号：5-444 滤料粒径（32mm 以内）

$$110.47m^3=11.05(10m^3)$$

【例 5-8】 某城市中市政排水工程主干管长度为 1000m，采用 $\phi600$ 混凝土管，135°混凝土基础，在主干管上设置雨水检查井 10 座，规格为 $\phi1500$，单室雨水井 25 座，雨水口接入管 $\phi225$UPVC 加筋管，共 9 道，每道 10m。如图 5-12 所示，求混凝土管基础及铺设长度和检查井座数，闭水试验长度。

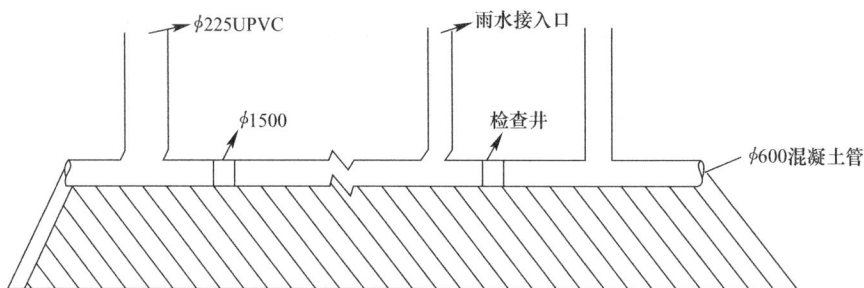

图 5-12　某市政排水工程主干管示意图

【解】

（1）清单工程量

1）$\phi600$ 混凝土管道基础及铺设：

$$L_1=1000m$$

2）$\phi225$UPVC 加筋管铺设：

$$L_2=9\times10=90m$$

3）$\phi1500$ 雨水检查井：10 座

4）单室雨水井：25 座

5）$\phi600$ 以内管道闭水试验：1000m

（2）定额工程量

1）$\phi600$ 混凝土管道基础及铺设：

查表 5-2 可得，每座 $\phi1500$ 检查井应扣除长度为 1.2m。

$$l_1=1000-10\times1.2$$
$$=988m=9.88(100m)$$

2）$\phi225$UPVC 加筋管铺设：

$$l_2=9\times10-10\times1.2$$
$$=78m=0.78(100m)$$

3）$\phi1500$ 雨水检查井：10 座

4）单室雨水井：25 座

5）φ600 以内管道闭水试验：

$$1000m = 10(100m)$$

【例 5-9】 某热力外线工程热力小室工艺安装如图 5-13 所示。小室内主要材料：

横向型波纹管补偿器 FA50502A、$DN250$、$T=150°$、$PN1.6$；横向型波纹管补偿器 FA50501A、$DN250$、$T=150°$、$PN1.6$；球阀 $DN250$、$PN2.5$；机制弯头 90°、$DN250$、$R=1.00$；柱塞阀 U41S-25C、$DN100$、$PN2.5$；柱塞阀 U41S-25C、$DN50$、$PN2.5$；机制三通 $DN600-250$；直埋穿墙套袖 $DN760$（含保温）；直埋穿墙套袖 $DN400$（含保温）。试计算该热力小室工艺安装工程量。

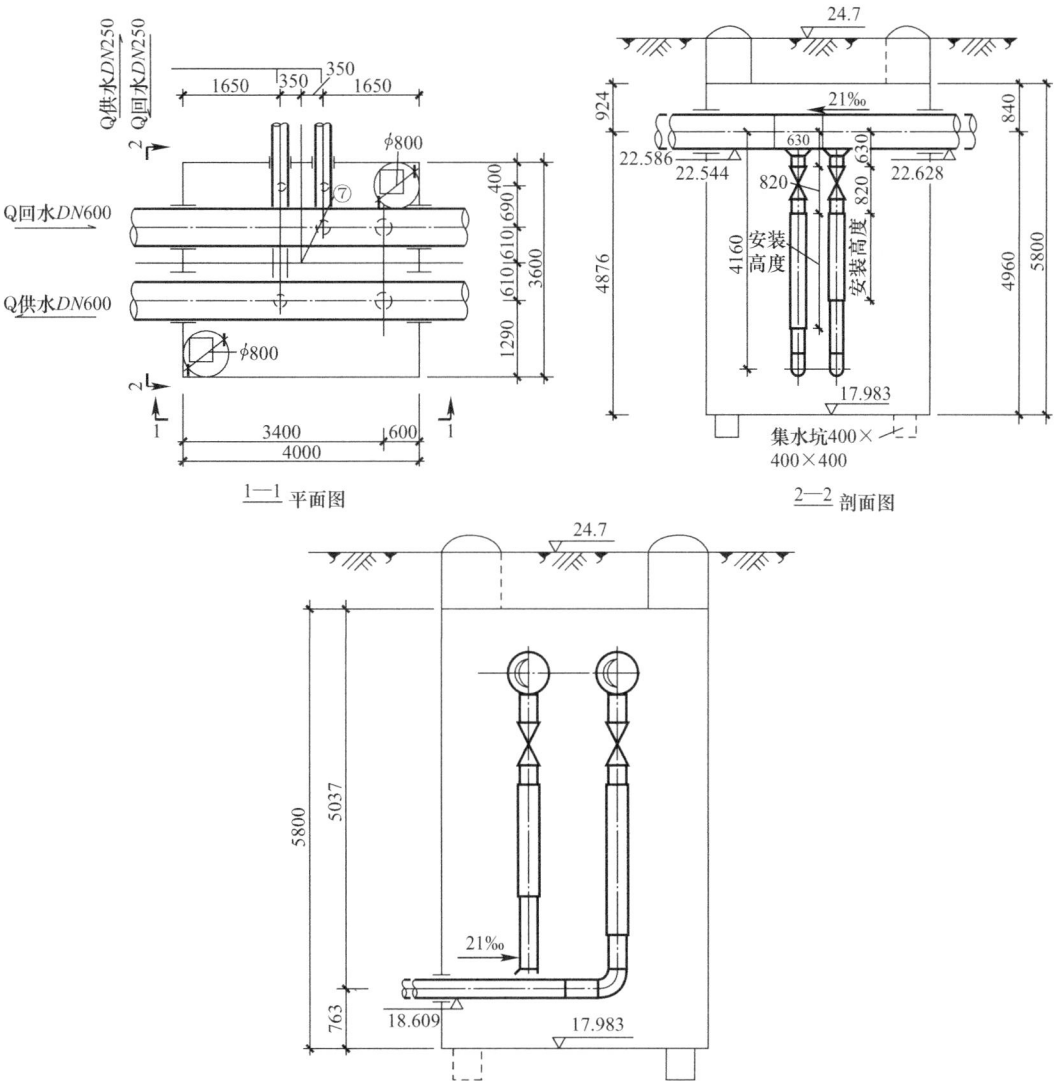

图 5-13 热力外线工程热力小室工艺安装

【解】

（1）钢管管件制作、安装（弯头）：2 个

（2）钢管管件制作、安装（三通）：2个

（3）阀门（球阀）：2个

（4）阀门（柱塞阀）：2个

（5）阀门（柱塞阀）：2个

（6）套管制作、安装（直埋穿墙套袖）$DN760$：8个

（7）套管制作、安装（直埋穿墙套袖）$DN400$：4个

（8）补偿器（波纹管）FA50502A、$DN250$、$T=150°$、$PN1.6$：1个

（9）补偿器（波纹管）FA50501A、$DN250$、$T=150°$、$PN1.6$：1个

6 水处理工程手工算量与实例精析

6.1 水处理工程工程量手算方法

6.1.1 水处理构筑物工程量

1. 现浇混凝土沉井井壁及隔墙

（1）计算公式

$$工程量 = 图示截面积 \times 高度(厚度) \quad （m^3）$$

（2）工程量计算规则

1）清单工程量计算规则

现浇混凝土沉井井壁及隔墙工程量按设计图示数量计算。

2）定额工程量计算规则

钢筋混凝土各类构件均按图示尺寸，以混凝土实体积计算，不扣除 $0.3m^2$ 以内的孔洞体积。

2. 沉井下沉

（1）计算公式

$$V = S \times H \quad （m^3）$$

式中　V——工程量，m^3；

　　S——沉井外壁最大断面面积，m^2；

　　H——自然面标高至设计垫层底标高间的高度，m。

（2）工程量计算规则

沉井下沉工程量按自然面标高至设计垫层底标高间的高度乘以沉井外壁最大断面面积以体积计算。

3. 沉井混凝土底板、顶板、地下结构

（1）计算公式

$$工程量 = 图示截面积 \times 高度(厚度) \quad （m^3）$$

（2）工程量计算规则

沉井混凝土底板、沉井混凝土顶板、沉井内地下混凝土结构工程量按设计图示尺寸以体积计算。

4. 现浇混凝土池底、池壁、池柱、池梁、池盖板

（1）计算公式

$$工程量 = 图示截面积 \times 高度(厚度) \quad （m^3）$$

（2）工程量计算规则

1）清单工程量计算规则

现浇混凝土池底、现浇混凝土池壁、现浇混凝土池柱、现浇混凝土池梁、现浇混凝土池盖板工程量按设计图示尺寸以体积计算。

2）定额工程量计算规则

① 钢筋混凝土各类构件均按图示尺寸，以混凝土实体积计算，不扣除 $0.3m^2$ 以内的孔洞体积。

② 池壁分别按不同厚度计算体积，如上薄下厚的壁，以平均厚度计算。池壁高度应自池底板面算至池盖下面。

③ 平底池的池底体积，应包括池壁下的扩大部分；池底带有斜坡时，斜坡部分应按坡底计算；锥形底应算至壁基梁底面，无壁基梁者算至锥底坡的上口。

④ 无梁盖柱的柱高，应自池底上表面算至池盖的下表面，并包括柱座、柱帽的体积。

⑤ 无梁盖应包括与池壁相连的扩大部分的体积；肋形盖应包括主、次梁及盖部分的体积；球形盖应自池壁顶面以上，包括边侧梁的体积在内。

⑥ 沉淀池水槽，是指池壁上的环形溢水槽及纵横 U 形水槽，但不包括与水槽相连接的矩形梁，矩形梁可执行梁的相应项目。

5. 现浇混凝土板

（1）计算公式

$$工程量 = 板长度 × 板宽度 × 板厚度 \quad (m^3)$$

（2）工程量计算规则

现浇混凝土板工程量按设计图示尺寸以体积计算。

6. 池槽、沉降（施工）缝

（1）计算公式

$$工程量 = 图示长度 \quad (m)$$

（2）工程量计算规则

池槽、沉降（施工）缝工程量按设计图示尺寸以长度计算。

7. 导流壁、筒

（1）计算公式

$$工程量 = 图示横截面积 × 高度(厚度) \quad (m^3)$$

（2）工程量计算规则

砌筑导流壁、筒；混凝土导流壁、筒工程量按设计图示尺寸以体积计算。

8. 混凝土楼梯

（1）计算公式

$$工程量 = 水平投影面积 \quad (m^2)$$

或

$$工程量 = 图示体积 \quad (m^3)$$

（2）工程量计算规则

1）按设计图示尺寸以水平投影面积计算，以平方米计量。

2）按设计图示尺寸以体积计算，以立方米计量。

9. 金属扶梯、栏杆

（1）计算公式

$$m = \rho V \quad (t)$$

式中 m——工程量，t；

   ρ——金属密度，t/m³；

   V——金属扶梯、栏杆体积，m³。

或

$$工程量 = 图示长度 \quad (m)$$

（2）工程量计算规则

1）按设计图示尺寸以质量计算，以吨计量。

2）按设计图示尺寸以长度计算，以米计量。

10. 预制混凝土构件

（1）计算公式

$$工程量 = 构件截面积 \times 高度(厚度) \quad (m³)$$

（2）工程量计算规则

1）清单工程量计算规则

预制混凝土板、预制混凝土槽、预制混凝土支墩、其他预制混凝土构件工程量按设计图示尺寸以体积计算。

2）定额工程量计算规则

① 预制钢筋混凝土滤板按图示尺寸区分厚度以"10m³"计算，不扣除滤头套管所占体积。

② 除钢筋混凝土滤板外其他预制混凝土构件均按图示尺寸以"m³"计算，不扣除0.3m²以内孔洞所占体积。

11. 滤板、折板、壁板

（1）计算公式

$$工程量 = 图示长度 \times 宽度 \quad (m²)$$

（2）工程量计算规则

滤板、折板、壁板工程量按设计图示尺寸以面积计算。

12. 滤料铺设

（1）清单工程量

1）计算公式

$$工程量 = 图示铺设平面 \times 铺设厚度 \quad (m³)$$

2）工程量计算规则

滤料铺设工程量按设计图示尺寸以体积计算。

（2）定额工程量计算

1）计算公式

① 一般滤料：

$$工程量 = 图示铺设平面 \times 铺设厚度 \quad (m³)$$

② 锰砂、铁矿石滤料：

$$m = \rho V \quad (t)$$

式中 m——工程量，t；

   ρ——滤料密度，t/m³；

V——滤料的体积，m^3。

2）工程量计算规则

各种滤料铺设均按设计要求的铺设平面乘以铺设厚度以"m^3"计算，锰砂、铁矿石滤料以"10t"计算。

13. 尼龙网板、刚性防水、柔性防水

（1）计算公式

$$工程量 = 图示长度 \times 宽度 \quad （m^2）$$

（2）工程量计算规则

1）清单工程量计算规则

尼龙网板、刚性防水、柔性防水工程量按设计图示尺寸以面积计算。

2）定额工程量计算规则

① 各种防水层按实铺面积，以"$100m^2$"计算，不扣除 $0.3m^2$ 以内孔洞所占面积。

② 平面与立面交接处的防水层，其上卷高度超过 500mm 时，按立面防水层计算。

14. 沉降（施工）缝

（1）计算公式

$$工程量 = 图示长度 \quad （m）$$

（2）工程量计算规则

沉降（施工）缝工程量按设计图示尺寸以长度计算。

15. 井、池渗漏试验

（1）计算公式

$$工程量 = 储水横断面积 \times 储水高度 \quad （m^3）$$

（2）工程量计算规则

1）清单工程量计算规则

井、池渗漏试验工程量按设计图示储水尺寸以体积计算。

2）定额工程量计算规则

井、池的渗漏试验区分井、池的容量范围，以"$1000m^3$"水容量计算。

6.1.2 水处理设备工程量

1. 格栅

（1）计算公式

$$m = \rho V \quad （t）$$

式中 m——工程量，t；

ρ——格栅材料密度，t/m^3；

V——格栅图示体积，m^3。

或

$$工程量 = 图示长度 \quad （m）$$

（2）工程量计算规则

1）以吨计量，按设计图示尺寸以质量计算。

2）以套计量，按设计图示数量计算。

2. 格栅除污机

（1）计算公式

$$工程量 = 图示长度 \quad （台）$$

（2）工程量计算规则

格栅除污机按设计图示数量计算。

格栅由一组平行的金属栅条或筛网制成，安装在污水渠道、泵房集水井的进口处或污水处理厂的端部，用以截留较大的悬浮物和漂浮物，按形状，可分为平面格栅和曲目格栅两种，平面格栅的表示方法为 PGA—B×L—e，其中 PGA 为平面格栅 A 型，B 为格栅宽度，L 为格栅长度，e 为间隙净宽。

3. 加氯机

（1）计算公式

$$工程量 = 图示数量 \quad （套）$$

（2）工程量计算规则

加氯机工程量按设计图示数量计算。

加氯机的加氯量应经试验确定，对于生活污水，一级处理水排放时，投氯量为 20～30mg/L；不完全二级处理水排放时，投氯量为 10～15mg/L；二级处理水排放时，投氯量为 5～10mg/L。

4. 除污设备

（1）计算公式

$$工程量 = 图示数量 \quad （台）$$

（2）工程量计算规则

格栅除污机、滤网清污机、压榨机、刮砂机、吸砂机、刮泥机、吸泥机、刮吸泥机、撇渣机、砂（泥）水分离器、曝气机、搅拌机、推进器、带式压滤机、污泥脱水机、污泥浓缩机、污泥浓缩脱水一体机、污泥输送机、污泥切割机、启闭机工程量按设计图示数量计算。

5. 曝气器、水射器、管式混合器

（1）计算公式

$$工程量 = 图示数量 \quad （个）$$

（2）工程量计算规则

曝气器、水射器、管式混合器工程量按设计图示数量计算。

6. 集水槽、堰板、斜板

（1）计算公式

$$工程量 = 图示长度 \times 宽度 \quad （m^2）$$

（2）工程量计算规则

1）清单工程量计算规则

集水槽、堰板、斜板工程量按设计图示尺寸以面积计算。

2）定额工程量计算规则

① 集水槽制作安装分别按碳钢、不锈钢，区分厚度按"10m²"为计量单位。

② 集水槽制作、安装以设计断面尺寸乘以相应长度以"m²"计算，断面尺寸应包括需要折边的长度，不扣除出水孔所占面积。

③ 堰板制作分别按碳钢、不锈钢区分厚度按"10m²"为计量单位。

④ 堰板安装分别按金属和非金属区分厚度按"10m²"计量。金属堰板适用于碳钢、不锈钢，非金属堰板适用于玻璃钢和塑料。

⑤ 齿型堰板制作安装按堰板的设计宽度乘以长度以"m²"计算，不扣除齿型间隔空隙所占面积。

⑥ 斜板安装仅是安装费，按"10m²"为计量单位。

7. 加药、冲洗、消毒设备

（1）计算公式

$$工程量 = 图示数量 \quad （套）$$

（2）工程量计算规则

滗水器、生物转盘、加药设备、加氯机、氯吸收装置、冲洗装置、紫外线消毒设备、臭氧消毒设备、除臭设备、膜处理设备、在线水质检测设备工程量按设计图示数量计算。

投药用水射器示意图如图 6-1 所示。

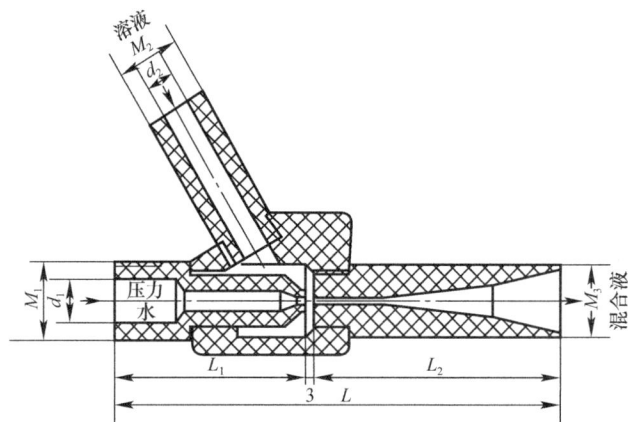

图 6-1 投药用水射器示意图

8. 闸门、旋转门、堰门、拍门

（1）计算公式

$$工程量 = 图示数量 \quad （座）$$

或

$$m = \rho V \quad （t）$$

式中 m——工程量，t；

ρ——材料密度，t/m³；

V——图示体积，m³。

（2）工程量计算规则

1）按设计图示数量计算，以座计量。

2）按设计图示尺寸以质量计算，以吨计量。

6.2 水处理工程工程量手算实例解析

【例 6-1】 某箱涵工程中沉泥井如图 6-2 所示，图中 h_1、h_2、h_3、h_4 分别为 100mm、200mm、100mm、300mm，沉泥井壁厚按沉泥井直径的 $\frac{1}{12}$ 计算，试计算碎石垫层及混凝土底板工程量。

【解】
（1）清单工程量
1）碎石垫层：

$$V_{垫层} = \frac{1}{4}\pi d_1^2 h_1$$

$$= \frac{1}{4} \times 3.14 \times \left(1.2 \times \frac{1}{12} \times 2 + 1.2\right)^2$$

$$\times 0.1$$

$$= 0.15 m^3$$

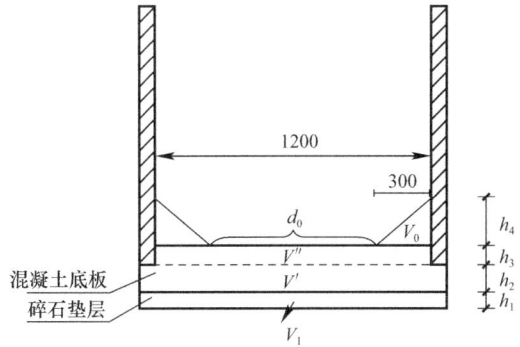

图 6-2　沉泥井底部剖面图（单位：mm）

2）混凝土底板：

$$V' = \frac{1}{4}\pi d_1^2 h_2$$

$$= \frac{1}{4} \times 3.14 \times \left(1.2 \times \frac{1}{12} \times 2 + 1.2\right)^2 \times 0.2$$

$$= 0.308 m^3$$

$$V'' = \frac{1}{4}\pi D^2 h_3$$

$$= \frac{1}{4} \times 3.14 \times 1.2^2 \times 0.1$$

$$= 0.113 m^3$$

$$V_0 = \frac{1}{4}\pi D^2 h_4 - \frac{1}{3}\pi h_4 \left(\frac{d_0^2}{2^2} + \frac{D^2}{2^2} + \frac{d_0}{2} \cdot \frac{D}{2}\right)$$

$$= \frac{1}{4} \times 3.14 \times 1.2^2 \times 0.3 - \frac{1}{3} \times 3.14 \times 0.3 \times \left(\frac{0.6^2}{4} + \frac{1.2^2}{4} + \frac{0.6}{2} \times \frac{1.2}{2}\right)$$

$$= 0.763 m^3$$

$$V_{底板} = V' + V'' + V_0$$

$$= 0.308 + 0.113 + 0.763$$

$$= 1.18 m^3$$

（2）定额工程量
1）碎石垫层：$0.15 m^3 = 0.015$（$10 m^3$）
2）混凝土底板：$1.18 m^3 = 0.118$（$10 m^3$）

【例 6-2】 某池壁如图 6-3 所示，其墙壁上下厚度不均匀，上端壁厚 400mm，下端壁厚 600mm，墙高 5800mm，墙宽 3000mm，试计算其工程量。

【解】

（1）清单工程量

池壁工程量：

$$V = lhb$$

$$= \frac{0.4 + 0.6}{2} \times 5.8 \times 3$$

$$= 8.7\text{m}^3$$

（2）定额工程量

$$V = lhb$$

$$= \frac{0.4 + 0.6}{2} \times 5.8 \times 3$$

$$= 8.7\text{m}^3 = 0.87(10\text{m}^3)$$

【例 6-3】 如图 6-4 所示，为给水排水工程中给水排水构筑物现浇钢筋混凝土半地下室水池（水池为圆形），试计算其工程量。

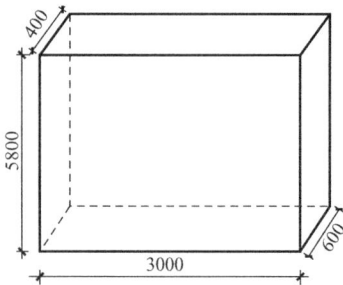

图 6-3 池壁尺寸图

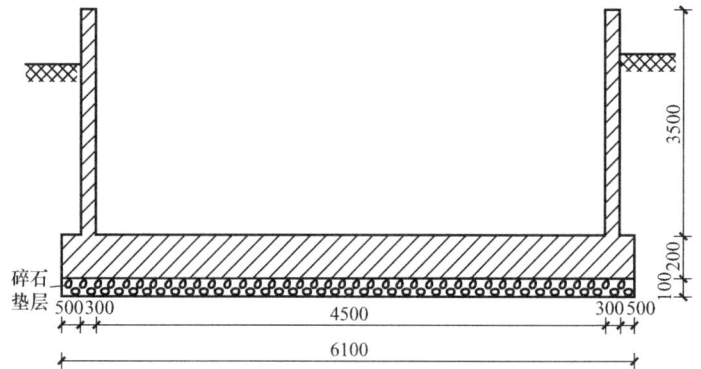

图 6-4 某水池剖面图

【解】

（1）清单工程量

1）现浇混凝土池底：

① 垫层铺筑：

$$V_1 = 3.14 \times \left(\frac{6.1}{2}\right)^2 \times 0.1$$

$$= 2.92\text{m}^3$$

② 混凝土浇筑：

$$V_2 = 3.14 \times \left(\frac{6.1}{2}\right)^2 \times 0.2$$

$$= 5.84\text{m}^3$$

2）现浇混凝土池壁（隔墙）：

$$V_3 = \left[3.14 \times \left(\frac{4.5}{2} + 0.3\right)^2 - 3.14 \times \left(\frac{4.5}{2}\right)^2\right] \times 3.5$$

$$= [20.42 - 15.90] \times 3.5$$

$$= 15.82 \text{m}^3$$

（2）定额工程量

1）半地下室池底混凝土浇筑：

$$3.14 \times \left(\frac{6.1}{2}\right)^2 \times 0.2$$

$$= 5.84 \text{m}^3 = 0.58(10 \text{m}^3)$$

2）池壁（隔墙）：

$$\left[3.14 \times \left(\frac{4.5}{2} + 0.3\right)^2 - 3.14 \times \left(\frac{4.5}{2}\right)^2\right] \times 3.5$$

$$= 15.82 \text{m}^3 = 1.58(10 \text{m}^3)$$

【例 6-4】 如图 6-5 所示为某直线井示意图，其中：盖板长度 $l = 6$m，宽 $B = 2$m，厚度 $h = 0.4$m，铸铁井盖半径 $r = 0.2$m。试计算该直线井工程量。

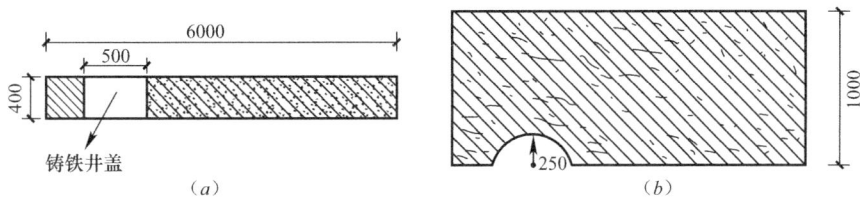

图 6-5 直线井示意图

（a）直线井剖面图；（b）直线井平面图（一半）

【解】

（1）清单工程量

钢筋混凝土盖板工程量：

$$V = (Bl - \pi r^2)h$$

$$= (2 \times 6 - 3.14 \times 0.25) \times 0.4$$

$$= 4.49 \text{m}^3$$

（2）定额工程量

$$V = (2 \times 6 - 3.14 \times 0.25) \times 0.4$$

$$= 4.49 \text{m}^3 = 0.45(10 \text{m}^3)$$

【例 6-5】 某排水工程钢筋混凝土消毒接触池中柱形状如图 6-6 所示，该柱的主要功能是承受纵向压力，并同时承受弯矩、剪力作用，柱所受力由上面的荷载传至基础。试计算该柱的工程量。

【解】

（1）1—1 截面体积

$$V_{1-1} = 2.5 \times 0.5 \times 0.5$$

$$= 0.63 \text{m}^3$$

（2）2—2 截面体积

$$V_1 = 0.5 \times 0.2 \times 1$$

$$= 0.1 \text{m}^3$$

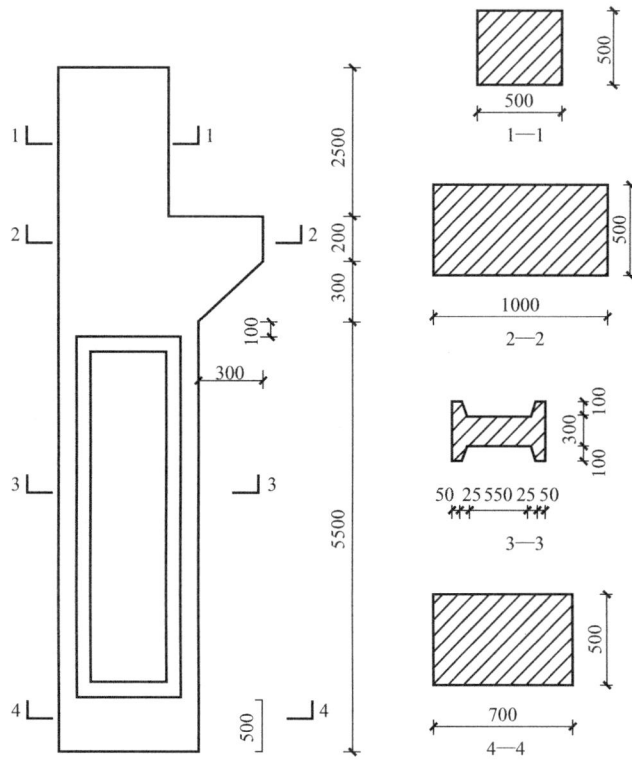

图 6-6 柱示意图

$$V_2 = \frac{0.7 + 1}{2} \times 0.3 \times 0.5$$

$$= 0.13 \mathrm{m}^3$$

$$V_{2-2} = V_1 + V_2$$

$$= 0.1 + 0.13$$

$$= 0.23 \mathrm{m}^3$$

（3）3—3 截面处体积：

$$S_{矩形} = 0.7 \times 0.5$$

$$= 0.35 \mathrm{m}^2$$

$$S_{梯形} = \frac{0.55 + 0.6}{2} \times 0.1 \times 2$$

$$= 0.12 \mathrm{m}^2$$

$$S = S_{矩形} - S_{梯形} = 0.35 - 0.12$$

$$= 0.23 \mathrm{m}^2$$

$$V_{3-3} = 0.23 \times (5.5 - 0.5 - 0.1)$$

$$= 1.13 \mathrm{m}^3$$

（4）4—4 截面处体积：

包括 2—2 截面以下，3—3 截面以上部分体积 V_1：

144

$$V_1 = 0.7 \times 0.1 \times 0.5$$
$$= 0.04 \text{m}^3$$

3—3 截面处体积 V_2：

$$V_2 = 0.5 \times 0.7 \times 0.5$$
$$= 0.18 \text{m}^3$$

总体积：

$$V_{4-4} = V_1 + V_2$$
$$= 0.04 + 0.18$$
$$= 0.22 \text{m}^3$$

（5）此形柱总体积：

$$V = V_{1-1} + V_{2-2} + V_{3-3} + V_{4-4}$$
$$= 0.63 + 0.23 + 1.13 + 0.22$$
$$= 2.21 \text{m}^3$$

定额工程量为 0.221（10m^3）。

【例 6-6】 在给水工程中，常采用水射器投加的方法加入混凝剂，如图 6-7 所示为水射器投加混凝剂简图。计算其工程量。

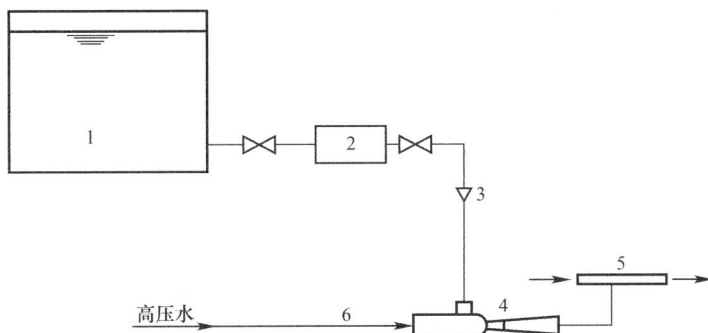

图 6-7 水射器投加混凝剂简图

1—溶液池；2—投药箱；3—漏斗；4—水射器（$DN40$）；5—压水管；6—高压水管

【解】

$DN40$ 水射器：1 个。

【例 6-7】 在市政排水工程，预处理过程中，常使用格栅机拦截较大颗粒的悬浮物，如图 6-8 所示为一组格栅，试计算其工程量。

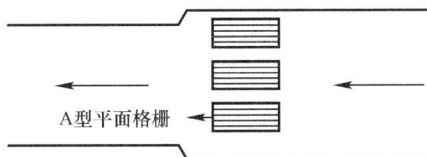

图 6-8 某格栅示意图

【解】

格栅除污机：3 台。

7 钢筋及拆除工程手工算量与实例精析

7.1 钢筋及拆除工程工程量手算方法

7.1.1 钢筋工程工程量

1. 钢筋、网片及型钢

（1）计算公式

$$m = \rho V \quad (t)$$

式中　m——工程量，t；

　　　ρ——钢筋材料密度，t/m^3；

　　　V——钢筋用料体积，m^3。

（2）工程量计算规则

现浇构件钢筋、预制构件钢筋、钢筋网片、钢筋笼、先张法预应力钢筋（钢丝、钢绞线）、后张法预应力钢筋（钢丝束、钢绞线）、型钢工程量按设计图示尺寸以质量计算。

2. 植筋

（1）计算公式

$$工程量 = 图示数量 \quad （根）$$

（2）工程量计算规则

植筋工程量按设计图示数量计算。

3. 预埋铁件

（1）计算公式

$$m = \rho V \quad (t)$$

式中　m——工程量，t；

　　　ρ——铁件的材料密度，t/m^3；

　　　V——铁件用料体积，m^3。

（2）工程量计算规则

预埋铁件工程量按设计图示尺寸以质量计算。

4. 高强度螺栓

（1）计算公式

$$m = \rho V \quad (t)$$

式中　m——工程量，t；

　　　ρ——铁件的材料密度，t/m^3；

V——铁件用料体积，m^3。

或

$$工程量 = 图示数量 \quad （套）$$

（2）工程量计算规则

1）按设计图示尺寸以质量计算。

2）按设计图示数量计算。

7.1.2 拆除工程工程量

1. 拆除路面结构

（1）计算公式

$$工程量 = 拆除长度 \times 拆除宽度 \quad （m^2）$$

（2）工程量计算规则

拆除路面、拆除人行道、拆除基层、铣刨路面工程量按拆除部位以面积计算。

2. 拆除侧、平（缘）石、管道

（1）计算公式

$$工程量 = 拆除长度 \quad （m）$$

（2）工程量计算规则

拆除侧、平（缘）石，拆除管道工程量按拆除部位以延长米计算。

3. 拆除砖石、混凝土结构

（1）计算公式

$$工程量 = 拆除结构的横截面积 \times 拆除高度(厚度) \quad （m）$$

（2）工程量计算规则

拆除砖石结构、拆除混凝土结构工程量按拆除部位以体积计算。

4. 拆除井

（1）计算公式

$$工程量 = 图示数量 \quad （座）$$

（2）工程量计算规则

拆除井工程量按拆除部位以数量计算。

5. 拆除电杆

（1）计算公式

$$工程量 = 图示数量 \quad （根）$$

（2）工程量计算规则

拆除电杆工程量按拆除部位以数量计算。

6. 拆除管片

（1）计算公式

$$工程量 = 图示数量 \quad （处）$$

（2）工程量计算规则

拆除管片工程量按拆除部位以数量计算。

7.2 钢筋工程工程量手算参考公式

7.2.1 直线钢筋下料长度计算

（1）构件内布置的为两端无弯起直钢筋时：

$$设计长度 = L - 2b \quad (m)$$

式中 L——混凝土构件的长度，m；

b——保护层的厚度，m。

（2）当构件内布置的为两端有弯钩的直钢筋时（图7-1）：

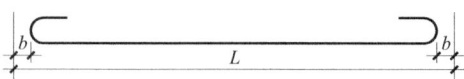

$$设计长度 = L - 2b + 2\Delta L_g \quad (m)$$

式中 L——混凝土构件的长度，m；

b——保护层的厚度，m；

ΔL_g——弯钩增加长度，m。

图 7-1 直筋

7.2.2 弯起钢筋下料长度计算

弯起钢筋下料长度（图7-2）计算公式如下：

$$设计长度 = L - 2b + 2(s - l) + 2 \times 6.25d$$
$$= L - 2b + 2(H - 2b)\text{tg}(\alpha/2) + 12.5d$$

式中 L——混凝土构件的长度，m；

b——保护层的厚度，m；

s——钢筋弯起部分斜边长度，m；

l——钢筋弯起部分底边长度，m；

H——构件截面的高度，m；

α——钢筋弯起角度，°。

7.2.3 箍筋（双箍）下料长度计算

目前，箍筋（双箍）下料长度（图7-3）计算常用以下几种方法：

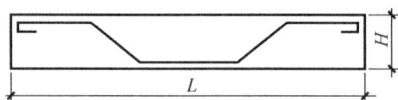

图 7-2 弯起钢筋下料长度计算示意图

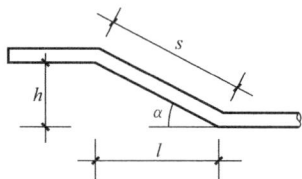

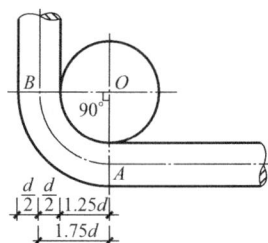

图 7-3 箍筋（双箍）
下料长度计算示意图

$$箍筋长度 = 箍筋矩（方）形长度 + 6.25d \times 2（钩）$$
$$箍筋长度 = 箍筋矩（方）形长度 + 4.9d \times 2（钩）$$
$$箍筋长度 = 箍筋矩（方）形长度 + 不同直径的估计钩长$$
$$箍筋长度 = 构件横截面外形长度 - 5cm$$

式中　d——箍筋直径。

7.2.4　圆形构件钢筋长度计算

圆形构件钢筋长度计算公式如下：

$$L = n（外圆周长 + 内圆周长）\times 1/2$$
$$= n（2\pi r + 2\pi a）\times 1/2 = n(r+a)\pi$$

式中　r——外圆钢筋半径；

　　　a——钢筋间距；

　　　n——钢筋根数。

7.2.5　钢筋弯钩增加长度计算

钢筋弯钩按弯起角度分为180°、135°和90°三种，如图7-4所示。

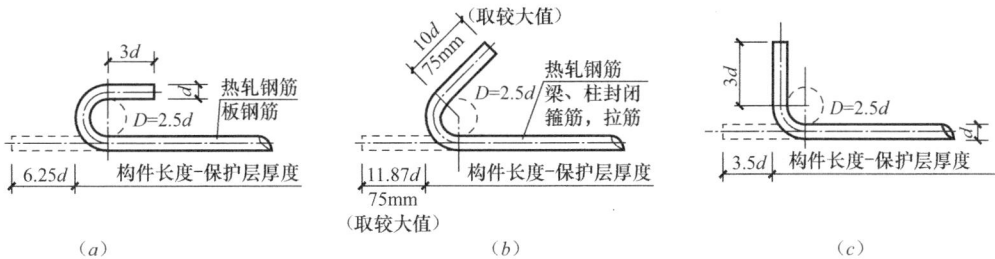

图 7-4　钢筋弯钩计算示意图

(a) 180°半圆钩；(b) 135°斜钩；(c) 90°弯钩

1. 180°弯钩

当钢筋混凝土构件钢筋设置180°弯钩时，平直长度$3d$，弯心直径$2.5d$，则其弯钩长度为$6.25d$，如图7-4（a）所示。

$$弯钩长度 = 3.5d \times \pi \times \frac{180}{360} - 2.25d + 3d = 3.25d + 3d = 6.25d$$

上式中$3.5d \times \pi \times \frac{180}{360} - 2.25d = 3.25d$，称为量度差值。

单个弯钩长$6.25d$，两个弯钩长$12.5d$。

2. 135°弯钩

现浇钢筋混凝土梁、柱、剪力墙的箍筋和拉筋，其端部应设135°弯钩，平直长度$\max（10d，75mm）$，弯心直径$2.5d$，则其弯钩长度为$11.87d$，如图7-4（b）所示。

$$弯钩长度 = 3.5d \times \pi \times \frac{135}{360} - 2.25d + 10d = 1.87d + 10d = 11.87d$$

上式中 $3.5d \times \pi \times \dfrac{135}{360} - 2.25d = 1.87d$，称为量度差值。

若平直长度按 $10d$，计算的结果小于 75mm，其弯钩的长度应按 $1.87d + 75\text{mm}$ 计算。

若平直长度及弯心直径与图 7-4 不同，弯钩长度应按上述公式进行调整。若弯心直径为 $4d$，其余条件不变，则：

$$135° \text{弯钩长度} = 5d \times \pi \times \frac{135}{360} - 3d + 10d = 2.89d + 10d = 12.89d$$

量度差值为 $2.89d$，其余类推。

3. 90°弯钩

当施工图纸或相关标准图集中对 90°弯钩长度有规定时，按其规定计算。无规定时可按 $3.5d$ 计算，如图 7-4（c）所示。

$$\text{弯钩长度} = 3.5d \times \pi \times \frac{90}{360} - 2.25d + 3d = 0.5d + 3d = 3.5d$$

上式中 $3.5d \times \pi \times \dfrac{90}{360} - 2.25d = 0.5d$，称为量度差值。

若平直长度及弯心直径不同，弯钩长度应按上述公式进行调整。若弯心直径为 $4d$，其余条件不变，则：

$$90° \text{弯钩长度} = 5d \times \pi \times \frac{90}{360} - 3d + 3d = 0.93d + 3d = 3.93d$$

量度差值为 $0.93d$，其余类推。

7.2.6 常见型式钢筋长度计算表

市政工程中常见的型式钢筋长度计算见表 7-1。

常见型式钢筋长度计算表 表 7-1

钢筋型式示意	长度计算式	
L_0	$L_0 + 12.5d$ $(6.25d \times 2)$ L_0	（两个 180°弯钩） （无弯钩）
d_0 L_0 d_0 / $L_外$	$L_外 - 2d_0 + 12.5d$ $L_外 - 2d_0$	（两个 180°弯钩） （无弯钩）
l_a L_0	$L_0 + l_\mathrm{a} + 12.5d$ $L_0 + l_\mathrm{a}$	（两个 180°弯钩） （无弯钩）
l_a L_0	$L_0 + 2l_\mathrm{a} + 12.5d$ $L_0 + 2l_\mathrm{a}$	（两个 180°弯钩） （无弯钩）

钢筋型式示意	长度计算式
	$L_0 + 2(h - 2d_0)$
	$L_{外} + 2h - 6d_0$
	$\alpha = 30°$ $L_{外} + 0.54h + 12.5d - 3.1d_0$ （两个180°弯钩） $L_{外} + 0.54h - 3.1d_0$ （无弯钩） （每个斜长增加 $0.27h_0$） $\alpha = 45°$ $L_{外} + 0.82h + 12.5d - 3.6d_0$ （两个180°弯钩） $L_{外} + 0.82h - 3.6d_0$ （无弯钩） （每个斜长增加 $0.41h_0$） $\alpha = 60°$ $L_{外} + 1.15h + 12.5d - 4.3d_0$ （两个180°弯钩） $L_{外} + 1.15h - 4.3d_0$ （无弯钩） （每个斜长增加 $0.575h_0$）
	$\alpha = 30°$ $2a + b + 4(h - 2d_0) + 12.5d$ （两个180°弯钩） $2a + b + 4(h - 2d_0)$ （无弯钩） $\alpha = 45°$ $2a + b + 2.82(h - 2d_0) + 12.5d$ （两个180°弯钩） $2a + b + 2.82(h - 2d_0)$ （无弯钩） $\alpha = 60°$ $2a + b + 2.3(h - 2d_0) + 12.5d$ （两个180°弯钩） $2a + b + 2.3(h - 2d_0)$ （无弯钩）
	$\alpha = 30°$ $L_0 + 0.54(h - 2d_0) + 2l_a + 12.5d$ （两个180°弯钩） $L_0 + 0.54(h - 2d_0) + 2l_a$ （无弯钩） [每个斜长增加 $0.27(h - 2d_0)$] $\alpha = 45°$ $L_0 + 0.82(h - 2d_0) + 2l_a + 12.5d$ （两个180°弯钩） $L_0 + 0.82(h - 2d_0) + 2l_a$ （无弯钩） [每个斜长增加 $0.41(h - 2d_0)$] $\alpha = 60°$ $L_0 + 1.15(h - 2d_0) + 2l_a + 12.5d$ （两个180°弯钩） $L_0 + 1.15(h - 2d_0) + 2l_a$ （无弯钩） [每个斜长增加 $0.575(h - 2d_0)$]

钢筋型式示意	长度计算式	
	$L_外+2h+12.5d-8d_0$ $L_外+2h-8d_0$	（两个 180°弯钩） （无弯钩）

注：L_0——钢筋直线部分净长或锚固端外净长；

$\quad L_外$——构件外形长度；

$\quad h$——构件外形高度或厚度；

$\quad h_0$——钢筋净高；

$\quad d$——钢筋直径；

$\quad l_a$——钢筋锚固长度；

$\quad d_0$——钢筋保护层厚度；

$\quad \alpha$——钢筋弯起角度；

$\quad a$、b——钢筋水平部分长度。

7.3 钢筋及拆除工程工程量手算实例解析

【例 7-1】 如图 7-5 所示为钢筋示意图，其中，$\phi 10$ 钢筋密度为 $\rho=7.8\times10^3\,\mathrm{kg/m^3}$，试计算不同直径钢筋单位长度重量。

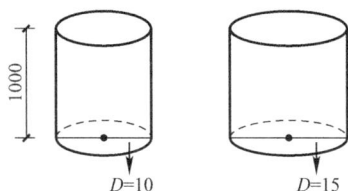

【解】

（1）单位长度 $\phi 10$ 钢筋体积：

$$V_0=\frac{1}{4}\pi D_0^2 \cdot l$$

$$=\frac{1}{4}\times3.14\times0.01^2\times1$$

$$=7.854\times10^{-5}\,\mathrm{m^3}$$

图 7-5 钢筋示意图

（2）单位长度 $\phi 10$ 钢筋质量：

$$m_0=\rho V_0$$

$$=7.8\times10^3\times7.854\times10^{-5}$$

$$=0.617\mathrm{kg}$$

同理可算得不同直径钢筋单位长度质量。

也可根据 $\phi 10$ 钢筋推知其余直径钢筋，如下：

由于

$$m=\frac{1}{4}\pi D^2 \cdot l \cdot \rho$$

则

$$\frac{m}{m_0}\frac{\dfrac{1}{4}\pi D^2 \cdot l \cdot \rho}{\dfrac{1}{4}\pi D_0^2 \cdot l \cdot \rho}=\frac{D^2}{D_0^2}$$

故其单位长度质量与其直径平方成正比，

$$m = m_0 \frac{D^2}{D_0^2} = \frac{1}{100} m_0 D^2$$

因此，$\phi 15$ 钢筋质量：

$$m = m_0 \frac{D^2}{D_0^2} = \frac{1}{100} \times 0.617 \times 15^2$$

$$= 1.39 \text{kg/m}$$

【例 7-2】 如图 7-6 所示的弯起钢筋 $\phi 10$，其 $\alpha = 45°$，H 为 0.8m，直线长为 5m，有关用到的基本值见表 7-2。试计算其长度及重量。

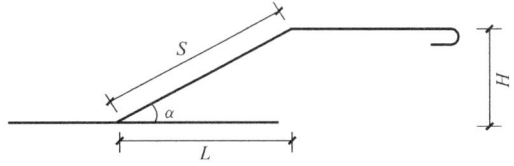

图 7-6　弯起筋示意图

有关用到的基本值　　　　　　　　　　　表 7-2

α	30°	45°	60°
S	$2H$	$1.41H$	$1.15H$
L	$1.73H$	H	$0.58H$
$S-L$	$0.27H$	$0.41H$	$0.57H$

【解】

弯起筋总长度＝弯起筋直线长度＋弯钩增加长度＋S 值（表 7-2）。

（1）$\phi 10$ 弯起钢筋长度为：

$$L = 5 + 0.01 \times 6.25 + 1.41 \times 0.8$$

$$= 7.093 \text{m}$$

（2）钢筋重量为：

$$m = 7.093 \times 0.617$$

$$= 4.38 \text{kg}$$

【例 7-3】 某预制大型钢筋混凝土平面板，其钢筋布置如图 7-7 所示，采用绑扎。其中 $\phi 8$ 钢筋 $\rho = 0.395 \text{kg/m}$，其中 $\phi 14$ 钢筋 $\rho = 1.208 \text{g/m}$。计算其钢筋网片工程量。

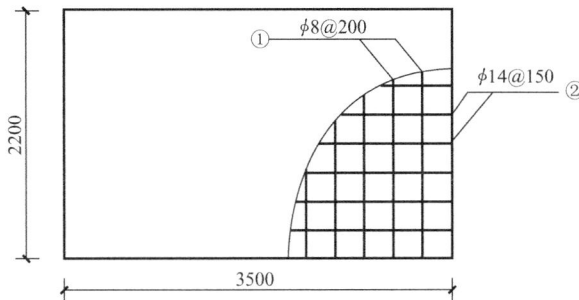

图 7-7　平面板配筋示意图

【解】

（1）①号钢筋 $\phi 8$

$$\left(\frac{3500}{200} + 1 \right) \times 2.2 \times 0.395$$

$$= 16.08 \text{kg} = 0.016 \text{t}$$

（2）②号钢筋 $\phi 14$

$$\left(\frac{2200}{150}+1\right)\times 3.5\times 1.208$$

$$=66.24\text{kg}=0.066\text{t}$$

【例 7-4】 某现浇钢筋混凝土圆桩，其配筋如图 7-8 所示，其中 $\phi 8$ 钢筋 $\rho=0.395\text{kg/}$ m，$\phi 20$ 钢筋 $\rho=2.466\text{kg/m}$。试计算其钢筋工程量。

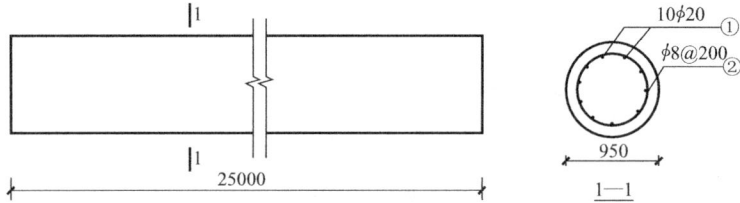

图 7-8　圆柱配筋示意图

【解】

（1）①号钢筋 $\phi 20$：

$$25\times 10\times 2.466$$

$$=616.5\text{kg}=0.617\text{t}$$

（2）②号钢筋 $\phi 8$：

$$\left(\frac{25000}{200}+1\right)\times 3.14\times 0.9\times 0.395$$

$$=140.65\text{kg}=0.141\text{t}$$

【例 7-5】 某排水箱涵如图 7-9 所示，底板钢筋为 $\phi 10$ 钢筋，总长 $L=300\text{m}$，共分四段，有三个检查井每座 2m，保护层 $\delta=0.03\text{m}$，每段长度 $l_0=4.8\text{m}$，钢筋间距 $d=0.1\text{m}$，$\phi 10$ 钢筋每米重量 $P_0=0.617\text{kg}$。试计算底板钢筋工程量。

【解】

钢筋重量：

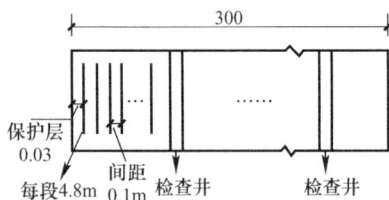

图 7-9　底板钢筋配筋简图

$$l=L-3\times 2=300-3\times 2$$

$$=294\text{m}$$

$$W=l_0\left(\frac{l-4\delta}{d}+4\right)\cdot P_0$$

$$=4.8\times\left(\frac{294-0.03\times 4}{0.1}+4\right)\times 0.617$$

$$=8715.40\text{kg}=8.72\text{t}$$

【例 7-6】 预制过梁及配筋示意图如图 7-10 所示，其中，$\phi 6$ 钢筋 $\rho=0.222\text{kg/m}$，$\phi 12$ 钢筋 $\rho=0.888\text{kg/m}$，$\phi 18$ 钢筋 $\rho=1.998\text{kg/m}$。计算其钢筋工程量。

【解】

（1）①号钢筋 $\phi 12$：

$$(2.6-0.05)\times 2\times 0.888$$

$$=4.53\text{kg}=0.005\text{t}$$

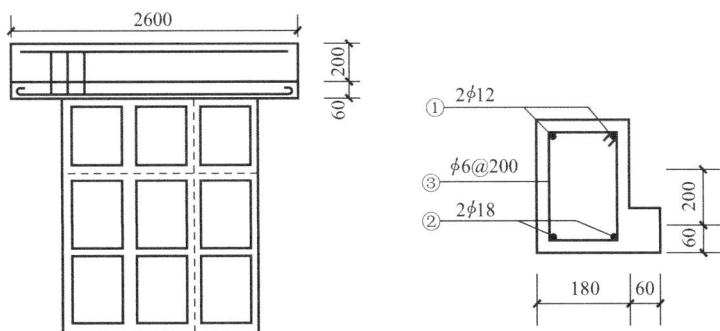

图 7-10 预制过梁及配筋示意图

(2) ②号钢筋 $\phi18$：

$$(2.6-0.05+6.25\times0.018\times2)\times2\times1.998$$
$$=11.09\text{kg}=0.011\text{t}$$

(3) ③号钢筋 $\phi6$：

$$[(2.6-0.05)\div0.2+1]\times0.904\times0.222$$
$$=2.76\text{kg}=0.003\text{t}$$

【例 7-7】 某市政排水工程，有非定型检查井共计 6 座，其中：2.0m 深检查井 1 座，每座有盖板 6 块；1.8m 深的检查井 3 座，每座有盖板 5 块；1.3m 深的检查井 2 座，每座有盖板 3 块。预制盖板，盖板配筋尺寸如图 7-11 所示，钢筋保护层为 2.5cm。试计算盖板钢筋用量。

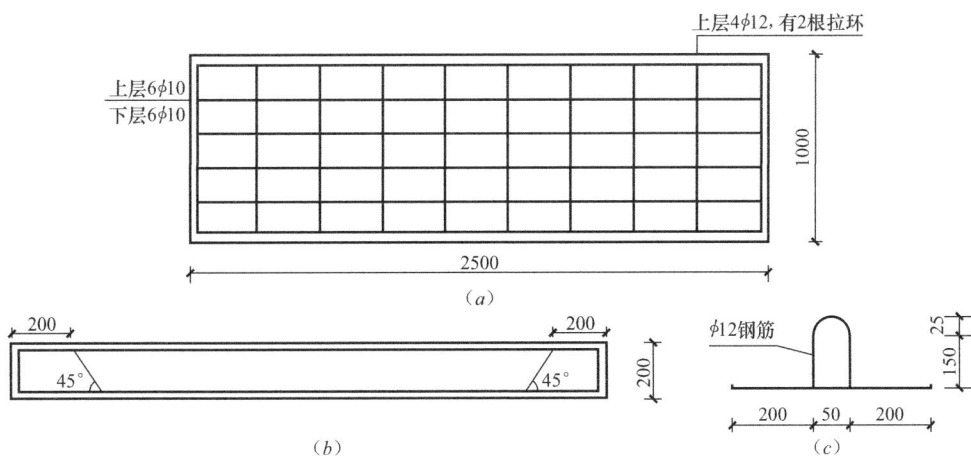

图 7-11 盖板钢筋布置图
(a) 平面图；(b) 下层弯起钢筋；(c) 拉环钢筋

【解】

(1) $\phi10$ 钢筋

1) 盖板：

$$2\times3+3\times5+1\times6$$
$$=27\text{ 块}$$

155

2）单根钢筋长度：

$$1-0.025\times2$$
$$=0.95m$$

3）每米钢筋重：

$$0.00617\times10^2$$
$$=0.617kg$$
$$m=12\times27\times0.95\times0.617$$
$$=189.91kg=0.19t$$

（2）$\phi12$ 钢筋

1）盖板钢筋：

$$4\times27$$
$$=108 \text{ 根}$$

每根钢筋长 L_1：

$$L_1=2.5-0.025\times2$$
$$=2.45m$$
$$m_1=108\times2.45\times0.00617\times12^2$$
$$=235.09kg$$

2）拉环钢筋：

$$2\times27$$
$$=54 \text{ 根}$$

每根钢筋长 L_2：

$$L_2=0.2\times2+6.25\times0.012\times2+(0.15-0.012\times0.5)\times2+3.14\times0.025$$
$$=0.92m$$
$$m_2=54\times0.92\times0.00617\times12^2$$
$$=44.14kg$$

3）$\phi12$ 钢筋总重：

$$235.09+44.14$$
$$=279.23kg=0.28t$$

【例 7-8】 某埋管工程有单管沟槽排管和双管沟槽排管两种，单管管径为 $DN300$，排管长度为 500m，双管沟排管管径分别为 $DN300$ 和 $DN400$，两管中心距为 1.00m，排管长度为 700m。其中，$DN300$ 的管道，沟槽底宽为 0.90m，$DN400$ 的管道沟槽底宽为 1.20m。试求拆除面积。

【解】

（1）单管沟槽的拆除面积

$$0.90\times500$$
$$=450m^2$$

（2）双管沟槽的拆除面积

$$\left(\frac{0.90}{2}+\frac{1.20}{2}+1.00\right)\times700$$

156

$$=1435m^2$$

【例 7-9】 如图 7-12 所示为某钢筋混凝土排水管道（D500），180°混凝土基础，水泥混凝土路面厚度为 180mm，管基下换填石屑厚度为 600mm，石屑稳定层厚度为 300mm，检查井直径为 1000mm，机械挖沟槽宽为 4.05m，试计算管道铺设工程量，机械拆除混凝土面层及换填石屑稳定层工程量。（已知机械拆除石屑稳定层宽度为 3.902m，拆除换填石屑稳定层厚度为 0.90m）

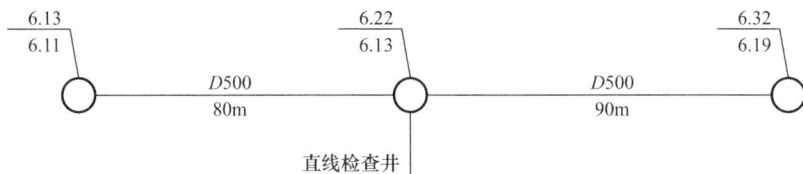

图 7-12　排水管道布置图

【解】
（1）管道铺设工程量
$$80+90$$
$$=170m$$

（2）机械拆除水泥 180mm 厚混凝土面层工程量
$$S_{面层}=4.05\times170$$
$$=688.50m^2$$

（3）机械拆除石屑稳定层工程量
$$S_{石稳}=3.902\times170$$
$$=663.34m^2$$

（4）换填石屑稳定层工程量
$$V_{换石}=0.90\times0.6\times170$$
$$=91.8m^3$$

【例 7-10】 某市政水池如图 7-13 所示，长 9m，宽 6m，围护高度为 900mm，围护厚度为 240mm，水池底层是 C10 混凝土垫层 100mm，计算该拆除工程量。

【解】
（1）拆除水池砖砌体工程量
$$(11+5.5)\times2\times0.24\times0.9$$
$$=7.13m^3$$

（2）拆除水池 C10 混凝土垫层的工程量
$$(11-0.24\times2)\times(5.5-0.24\times2)\times0.1$$
$$=5.28m^3$$

（3）拆除水池砌体
残渣外运工程量为 7.13m³

（4）拆除水池 C10 混凝土垫层
残渣外运工程量为 5.28m³

【例 7-11】 某污水管道工程，全长为 320m，D400 混凝土管，设检查井（ϕ1000）7 座，管线上部原地面为 10cm 厚沥青混凝土路面，50cm 厚多合土，外径为 2m，挡土板示意图如图 7-14 所示。试计算拆除混凝土路面、基层、管道铺设工程量。

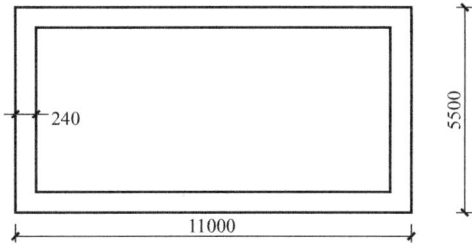

图 7-13　某市政水池平面图（单位：mm）　　　图 7-14　挡土板示意图

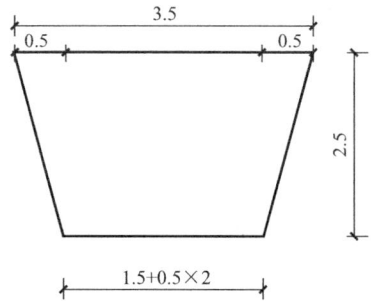

【解】

（1）清单工程量

1）拆除路面：

$$S_{路面} = 320 \times 3.5$$
$$= 1120 m^2$$

2）拆除基层：

$$S_{基层} = 320 \times 3.5 \times 8$$
$$= 8960 m^2$$

3）混凝土管：

$$L_{拆管} = 320 m$$

（2）定额工程量

1）拆除路面工程数量

$$S_{路面} = 320 \times 3.5$$
$$= 1120 m^2 = 11.2 (100 m^2)$$

2）拆除 50cm 厚无骨料多合土基层

$$S_{基层} = 320 \times 3.5 \times 8$$
$$= 8960 m^2 = 89.6 (100 m^2)$$

3）支撑木挡板工程数量

$$S = al = \sqrt{0.5^2 + 2.5^2} \times 320 \times 2$$
$$= 1631.69 m^2 = 16.32 (100 m^2)$$

4）浇灌管座基础工程量

$$L_{管基} = 320 - 2 \times 7$$
$$= 306 m = 3.06 (100 m)$$

5）铺设管道工程量

$$L_{铺管} = 320 - 0.7 \times 7$$
$$= 315.1 m = 3.15 (100 m)$$

8 市政工程工程量计价编制应用实例

8.1 市政工程投标报价编制实例

现以某市主干道路改造工程为例介绍投标报价编制（由委托工程造价咨询人编制）。

1. 封面

投标总价封面

某市道路改造　　　工程

投 标 总 价

投 标 人：　　×× 建筑公司　　
（单位盖章）

××年×月×日

2. 扉页

投标总价扉页

投 标 总 价

招 标 人： ___某市委办公室___

工 程 名 称： ___某市道路改造工程___

投标总价（小写）： ___54265793.41元___

（大写）： ___伍仟肆佰贰拾陆万伍仟柒佰玖拾叁元肆角一分___

投 标 人： _____×× 建筑公司_____

（单位盖章）

法定代表人

或其授权人： _____× × ×_____

（签字或盖章）

编 制 人： _____× × ×_____

（造价人员签字盖专用章）

编制时间：××年×月×日

3. 总说明

总说明

工程名称：某市道路改造工程

> 1. 工程概况：某市道路全长 6km，路宽 70m。8 车道，其中有大桥上部结构为预应力混凝土 T 形梁，梁高为 1.2m，跨境为 1×22m+6×20m，桥梁全长 164m。下部结构，中墩为桩接柱，柱顶盖梁；边墩为重力桥台。墩柱直径为 1.2m，转孔桩直径为 1.3m。招标工期为 1 年，投标工期为 280d。
> 2. 投标范围：道路工程、桥梁工程和排水工程。
> 3. 投标依据：
> (1) 招标文件及其提供的工程量清单和有关报价要求，招标文件的补充通知和答疑纪要。
> (2) 依据××单位设计的施工设计图纸、施工组织设计。
> (3) 有关的技术标准、规定和安全管理规定。
> (4) 省建设主管部门颁发的计价定额和计价管理办法及相关计价文件。
> (5) 材料价格根据本公司掌握的价格情况并参照工程所在地的工程造价管理机构××年××月工程造价信息发布的价格。
> 其他略。

4. 投标控制价汇总表

建设项目投标报价汇总表

工程名称：某市道路改造工程

序号	单项工程名称	金额/元	其中：/元		
			暂估价	安全文明施工费	规费
1	某市道路改造工程	54265793.41	6000000.00	1587692.21	2115774.62
	合　计	54265793.41	6000000.00	1587692.21	2115774.62

说明：本工程为单项工程，故单项工程即为建设项目。

单项工程投标报价汇总表

工程名称：某市道路改造工程

序号	单项工程名称	金额/元	其中：/元		
			暂估价	安全文明施工费	规费
1	某市道路改造工程	54176364.54	6000000.00	1587692.21	2115774.62
	合　计	54176364.54	6000000.00	1587692.21	2115774.62

注：暂估价包括分部分项工程中的暂估价和专业工程暂估价。

单位工程投标报价汇总表

序号	汇总内容	金额/元	其中：暂估价/元
1	分部分项工程	46896862.32	6000000.00
0401	土石方工程	2246212.27	
0402	道路工程	24942271.99	
0403	桥涵护岸工程	11227288.04	
0405	市政管网工程	1322520.84	
0409	钢筋工程	7158569.18	6000000.00
2	措施项目	1674169.61	—
0411	其中：安全文明施工费	1587692.21	—
3	其他项目	1788021.00	—
3.1	其中：暂列金额	1500000.00	—
3.2	其中：专业工程暂估价	200000.00	—
3.3	其中：计日工	63021.00	—
3.4	其中：总承包服务费	25000.00	—
4	规费	2115774.62	
5	税金	1790965.86	
	投标报价合计＝1＋2＋3＋4＋5	54265793.41	6000000.00

5. 分部分项工程和单价措施项目清单与计价表

分部分项工程和单价措施项目清单与计价表（一）

序号	项目编码	项目名称	项目特征描述	计量单位	工程量	综合单价	合价
			0401 土石方工程				
1	040101001001	挖一般土方	1. 土壤类别：一、二类土 2. 挖土深度：4m以内	m³	142100.00	10.20	1449420.00
2	040101002001	挖沟槽土方	1. 土壤类别：三、四类土 2. 挖土深度：4m以内	m³	2493.00	11.60	28918.80
3	040101002002	挖沟槽土方	1. 土壤类别：三、四类土 2. 挖土深度：3m以内	m³	837.00	155.71	130329.27
4	040101002003	挖沟槽土方	1. 土壤类别：三、四类土 2. 挖土深度：6m以内	m³	2837.00	16.88	47888.56
5	040103001001	回填方	密实度：90%以上	m³	8500.00	8.10	68850.00
6	040103001002	回填方	1. 密实度：90%以上 2. 填方材料品种：二灰土12：35：53	m³	7700.00	6.95	53515.00
7	040103001003	回填方	填方材料品种：砂砾石	m³	208.00	61.25	12740.00
8	040103001004	回填方	1. 密实度：≥96% 2. 填方粒径：粒径5～80cm 3. 填方材料品种：砂砾石	m³	3631.00	28.24	102539.44
9	040103002001	余方弃置	1. 废弃料品种：松土 2. 运距：100mm	m³	46000.00	7.34	337640.00
10	040103002002	余方弃置	运距：10km	m³	1497.00	9.60	14371.20
		分部小计					2246212.27
		本页小计					2246212.27
		合计					2246212.27

工程名称：某市道路改造工程　　　　　　　　　标段：　　　　　　　　　第 2 页　共 6 页

序号	项目编码	项目名称	项目特征描述	计量单位	工程量	金额/元	
						综合单价	合价
			0402 道路工程				
11	040201004001	掺石灰	含灰量：10%	m³	1800.00	56.42	101556.00
12	040202002001	石灰稳定土	1. 含灰量：10% 2. 厚度：15cm	m²	84060.00	15.98	1343278.80
13	040202002002	石灰稳定土	1. 含灰量：11% 2. 厚度：30cm	m²	57320.00	15.64	896484.80
14	040202006001	石灰、粉煤灰、碎(砾)石	1. 配合比：10：20：70 2. 二灰碎石厚度：12cm	m²	84060.00	30.55	2568033.00
15	040202006002	石灰、粉煤灰、碎(砾)石	1. 配合比：10：20：71 2. 二灰碎石厚度：20cm	m²	57320.00	24.56	1407779.20
16	040204002001	人行道块料铺设	1. 材料品种：普通人行道板 2. 块料规格：25×2cm	m²	5850.00	0.61	3568.50
17	040204002002	人行道块料铺设	1. 材料品种：异型彩色花砖，D 型砖 2. 垫层材料：1：3 石灰砂浆	m²	20590.00	13.01	267875.90
18	040205001001	人（手）孔井	1. 材料品种：接线井 2. 规格尺寸：100cm×100cm×100cm	座	5	706.43	3532.15
19	040205001002	人（手）孔井	1. 材料品种：接线井 2. 规格尺寸：50cm×50cm×100cm	座	55	492.10	27065.50
20	040205012001	隔离护栏	材料品种：钢制人行道护栏	m	1440.00	14.24	20505.60
21	040205012001	隔离护栏	材料品种：钢制机非分隔栏	m	200.00	15.06	3012.00
22	040203005001	黑色碎石	1. 材料品种：石油沥青 2. 厚度：6cm	m²	91360.00	48.44	4425478.40
			分部小计				11068169.85
			本页小计				11068169.85
			合计				13314382.12

分部分项工程和单价措施项目清单与计价表（三）

序号	项目编码	项目名称	项目特征描述	计量单位	工程量	金额/元	
						综合单价	合价
			0402 道路工程				
23	040203006001	沥青混凝土	厚度：5cm	m²	3383.00	113.24	383090.92
24	040203006002	沥青混凝土	厚度：4cm	m²	91360.00	103.67	9471291.20
25	040203006003	沥青混凝土	厚度：3cm	m²	125190.00	30.45	3812035.50
26	040202015001	水泥稳定碎（砾）石	1. 石料规格：d7，≥ 2.0MPa 2. 厚度：18cm	m²	793.00	21.30	16890.90
27	040202015002	水泥稳定碎（砾）石	1. 石料规格：d7，≥ 3.0MPa 2. 厚度：17cm	m²	793.00	20.21	16026.53
28	040202015003	水泥稳定碎（砾）石	1. 石料规格：d7，≥ 3.0MP 2. 厚度：18cm	m²	793.00	20.11	15947.23
29	040202015004	水泥稳定碎（砾）石	1. 石料规格：d7，≥ 2.0MPa 2. 厚度：21cm	m²	728.00	16.24	11822.72
30	040202015005	水泥稳定碎（砾）石	1. 石料规格：d7，≥ 2.0MPa 2. 厚度：22cm	m²	364.00	16.20	5896.80
31	040204004001	安砌侧（平、缘）石	1. 材料品种：花岗岩剁斧平石 2. 材料规格：12cm×25cm×49.5cm	m²	673.00	52.23	35150.79
32	040204004002	安砌侧（平、缘）石	1. 材料品种：甲B型机切花岗岩路缘石 2. 材料规格：15cm×32cm×99.5cm	m²	1015.00	83.21	84458.15
33	040204004003	安砌侧（平、缘）石	1. 材料品种：甲B型机切花岗岩路缘石 2. 材料规格：15cm×25cm×74.5cm	m²	340.00	63.21	21491.40
			分部小计				24942271.99
			本页小计				13874102.14
			合计				27188484.26

164

序号	项目编码	项目名称	项目特征描述	计量单位	工程量	综合单价	合价
			0403 桥涵护岸工程				
34	040301006001	干作业成孔灌注桩	1. 桩径：直径 1.3cm 2. 混凝土强度等级：C25	m	1036.00	1251.03	1296067.08
35	040301006002	干作业成孔灌注桩	1. 桩径：直径 1cm 2. 混凝土强度等级：C25	m	1680.00	1593.21	2676592.80
36	040303003001	混凝土承台	混凝土强度等级：C10	m³	1015.00	288.36	292685.40
37	040303005001	混凝土墩（台）身	1. 部位：墩柱 2. 混凝土强度等级：C35	m³	384.00	435.21	167120.64
38	040303005002	混凝土墩（台）身	1. 部位：墩柱 2. 混凝土强度等级：C30	m³	1210.00	308.25	372982.50
39	040303006001	混凝土支撑梁及横梁	1. 部位：简支梁湿接头 2. 混凝土强度等级：C30	m³	937.00	385.21	360941.77
40	040303007001	混凝土墩（台）盖梁	混凝土强度等级：C35	m³	748.00	346.25	258995.00
41	040303019001	桥面铺装	1. 沥青品种：改性沥青、玛瑅脂、玄武石、碎石混合料 2. 厚度：4cm	m²	7550.00	35.21	265835.50
42	040303019002	桥面铺装	1. 沥青品种：改性沥青、玛瑅脂、玄武石、碎石混合料 2. 厚度：5cm	m²	7560.00	42.22	319183.20
43	040303019003	桥面铺装	混凝土强度等级：C30	m²	281.00	621.20	174557.20
44	040304001001	预制混凝土梁	1. 部位：墩柱连系梁 2. 混凝土强度等级：C30	m²	205.00	225.12	46149.60
45	040304001002	预制混凝土梁	1. 部位：预应力混凝土简支梁 2. 混凝土强度等级：C30	m²	781.00	1244.23	971743.63
46	040304001003	预制混凝土梁	1. 部位：预应力混凝土简支梁 2. 混凝土强度等级：C45	m²	2472.00	1244.23	3075736.56
			分部小计				10278590.88
			本页小计				10278590.88
			合计				37467075.14

工程名称：某市道路改造工程　　　　　　　　　　　标段：　　　　　　　　　　第5页　共6页

序号	项目编码	项目名称	项目特征描述	计量单位	工程量	综合单价	合价
						金额/元	
			0403 桥涵护岸工程				
47	040305003001	浆砌块料	1. 部位：河道浸水挡墙、墙身 2. 材料品种：M10 浆砌片石 3. 泄水孔品种、规格：塑料管，ϕ100	m³	593.00	158.32	93883.76
48	040303002001	混凝土基础	1. 部位：河道浸水挡墙基础 2. 混凝土强度等级：C25	m³	1027.00	81.22	83412.94
49	040303016001	混凝土挡墙压顶	混凝土强度等级：C25	m³	32.00	171.23	5479.36
50	040309004001	橡胶支座	规格：20cm × 35cm × 4.9cm	m³	32.00	172.13	5508.16
51	040309008001	桥梁伸缩装置	材料品种：毛勒伸缩缝	m	180.00	2066.22	371919.60
52	040309010001	防水层	材料品种：APP 防水层	m²	10194.00	38.11	388493.34
			分部小计				11227288.04
			0405 市政管网工程				
53	040504001001	砌筑井	1. 规格：1.4×1.0 2. 埋深：3m	座	32	1758.21	56262.72
54	040504001002	砌筑井	1. 规格：1.2×1.0 2. 埋深：2m	座	82	1653.58	135593.56
55	040504001003	砌筑井	1. 规格：ϕ900 2. 埋深：1.5m	座	42	1048.23	44025.66
56	040504001004	砌筑井	1. 规格：0.6×0.6 2. 埋深：1.5m	座	52	688.12	35782.24
57	040504001005	砌筑井	1. 规格：0.48×0.48 2. 埋深：1.5m	座	104	672.56	69946.24
58	040504009001	雨水口	1. 类型：单平箅 2. 埋深：3m	座	11	456.90	5025.90
59	040504009002	雨水口	1. 类型：双平箅 2. 埋深：2m	座	300	772.33	231699.00
			分部小计				578335.32
			本页小计				1527032.48
			合计				38994107.62

工程名称：某市道路改造工程　　　　　　　　标段：　　　　　　　　第6页　共6页

序号	项目编码	项目名称	项目特征描述	计量单位	工程量	金额/元		
						综合单价	合价	其中暂估价
			0405 市政管网工程					
60	040501001001	混凝土管	1. 规格：DN1650 2. 埋深：3.5m	m	456.00	384.25	175218.00	
61	040501001002	混凝土管	1. 规格：DN1000 2. 埋深：3.5m	m	430.00	124.02	53328.60	
62	040501001003	混凝土管	1. 规格：DN1000 2. 埋深：2.5m	m	1746.00	84.32	147222.72	
63	040501001004	混凝土管	1. 规格：DN1000 2. 埋深：2m	m	1196.00	84.32	100846.72	
64	040501001005	混凝土管	1. 规格：DN800 2. 埋深：1.5m	m	766.00	36.20	27729.20	
65	040501001006	混凝土管	1. 规格：DN600 2. 埋深：1.5m	m	2904.00	26.22	76142.88	
66	040501001007	混凝土管	1. 规格：DN600 2. 埋深：3.5m	m	457.00	358.20	163697.40	
			分部小计				1322520.84	
			0409 钢筋工程					
67	040901001001	现浇混凝土钢筋	钢筋规格：$\phi 10$ 以外	t	283.00	3476.00	983708.00	700000
68	040901001002	现浇混凝土钢筋	钢筋规格：$\phi 11$ 以内	t	1195.00	3799.02	4539828.90	4300000
69	040901006001	后张法预应力钢筋	1. 钢筋种类：钢绞线（高强低松弛）$R = 1860$MPa 2. 锚具种类：预应力锚具 3. 压浆管材质、规格：金属波纹管内径6.2cm，长17108m 4. 砂浆强度等级：C40	t	138.00	11848.06	1635032.28	1000000
			分部小计				7158569.18	6000000
			本页小计				7902754.70	6000000
			合计				46896862.32	6000000

6. 综合单价分析表

以某市道路改造工程石灰、粉煤灰、碎（砾）石，人行道块料铺设工程量综合单价分析表介绍投标报价中综合单价分析表的编制。

综合单价分析表（一）

工程名称：某市道路改造工程　　　　　　　　　　　标段：　　　　　　　　　第 1 页　共 2 页

项目编码	040202006001	项目名称	石灰、粉煤灰、碎（砾）石		计量单位	m²	工程量	84060.00

清单综合单价组成明细

定额编号	定额项目名称	定额单位	数量	单价				合价			
				人工费	材料费	机械费	管理费和利润	人工费	材料费	机械费	管理费和利润
2-62	石灰：粉煤灰：碎石＝10：20：70	100m²	0.01	315	2086.42	86.58	566.50	3.15	20.86	0.87	5.67
	人工单价		小计					3.15	20.86	0.87	5.67
	22.47元/工日		未计价材料费					—			
		清单项目综合单价						30.55			

材料费明细	主要材料名称、规格、型号	单位	数量	单价/元	合价/元	暂估单价/元	暂估合价/元
	生石灰	t	0.0396	120.00	4.75		
	粉煤灰	m³	0.1056	80.00	8.45		
	碎石 25～40mm	m³	0.1891	40.36	7.63		
	水	m³	0.063	0.45	0.03		
	其他材料费			—		—	
	材料费小计			—	20.86	—	

综合单价分析表（二）

工程名称：某市道路改造工程　　　　　　　　　　　标段：　　　　　　　　　第 2 页　共 2 页

项目编码	040204002002	项目名称	人行道块料铺设	计量单位	m²	工程量	20590.00

清单综合单价组成明细

定额编号	定额项目名称	定额单位	数量	单价				合价			
				人工费	材料费	机械费	管理费和利润	人工费	材料费	机械费	管理费和利润
2-322	D型砖	10m²	0.1	62.15	48.32	—	19.63	6.22	4.83	—	1.96
	人工单价		小计					6.22	4.83		1.96
	22.47元/工日		未计价材料费								
		清单项目综合单价						13.01			

材料费明细	主要材料名称、规格、型号	单位	数量	单价/元	合价/元	暂估单价/元	暂估合价/元
	生石灰	t	0.006	120.00	0.72		
	粗砂	m³	0.024	45.22	1.09		
	水	m³	0.111	0.45	0.05		
	D型砖	m³	29.70	0.10	2.97		
	其他材料费			—		—	
	材料费小计			—	4.83	—	

168

（其他分部分项工程的清单综合单价分析表略）

7. 总价措施项目清单与计价表

总价措施项目清单与计价表

工程名称：某市道路改造工程　　　　　　　　　标段：　　　　　　　第 1 页　共 1 页

序号	项目编码	项目名称	计算基础	费率（%）	金额/元	调整费率（%）	调整后金额/元	备注
1	011707001001	安全文明施工费	定额人工费	38	1587692.21			
2	011707001002	夜间施工增加费	定额人工费	1.5	52898.56			
3	011707001004	二次搬运费	定额人工费	1	10287.98			
4	011707001005	冬雨期施工增加费	定额人工费	0.6	10287.98			
5	011707001007	已完工程及设备保护费			13002.88			
合　计					1674169.61			

编制人（造价人员）：　　　　　　　　　　　　　　复核人（造价工程师）：

注：1. "计算基础"中安全文明施工费可为"定额基价"、"定额人工费"或"定额人工费＋定额机械费"，其他项目可为"定额人工费"或"定额人工费＋定额机械费"。

　　2. 按施工方案计算的措施费，若无"计算基础"和"费率"的数值，也可只填"金额"数值，但应在备注栏说明施工方案出处或计算方法。

8. 其他项目清单与计价汇总表

其他项目清单与计价汇总表

工程名称：某市道路改造工程　　　　　　　　　标段：　　　　　　　第 1 页　共 1 页

序号	项目名称	金额/元	结算金额/元	备注
1	暂列金额	1500000.00		明细详见表（1）
2	暂估价	200000.00		
2.1	材料暂估价	—		明细详见表（2）
2.2	专业工程暂估价	200000.00		明细详见表（3）
3	计日工	63021.00		明细详见表（4）
4	总承包服务费	25000.00		明细详见表（5）
5				
合　计		1788021.00		—

注：材料（工程设备）暂估价进入清单项目综合单价，此处不汇总。

（1）暂列金额及拟用项目

暂列金额明细表

工程名称：某市道路改造工程　　　　　　　　　标段：　　　　　　　第 1 页　共 1 页

序号	项目名称	计量单位	暂定金额/元	备注
1	政策性调整和材料价格波动	项	1000000.00	
2	其他	项	500000.00	
合　计			350000	—

注：此表由招标人填写，如不能详列，也可只列暂定金额总额，投标人应将上述暂列金额计入投标总价中。

（2）材料（工程设备）暂估单价及调整表

材料（工程设备）暂估单价及调整表

工程名称：某市道路改造工程　　　　　　　　　　标段：　　　　　　　　　　第 1 页　共 1 页

序号	材料（工程设备）名称、规格、型号	计量单位	数量		暂估/元		确认/元		差额±/元		备注
			暂估	确认	单价	合价	单价	合价	单价	合价	
1	钢筋（规格、型号综合）	t	100		4000		400000				用于现浇钢筋混凝土项目
合　计							400000				

注：此表由招标人填写"暂估单价"，并在备注栏说明暂估价的材料、工程设备拟用在那些清单项目上，投标人应将上述材料、工程设备暂估单价计入工程量清单综合单价报价中。

（3）专业工程暂估价及结算价表

专业工程暂估价及结算价表

工程名称：某市道路改造工程　　　　　　　　　　标段：　　　　　　　　　　第 1 页　共 1 页

序号	工程名称	工程内容	暂估金额/元	结算金额/元	差额±/元	备注
1	消防工程	合同图纸中标明的以及消防工程规范和技术说明中规定的各系统中的设备、管道、阀门、线缆等的供应、安装和调试工作	200000			
合　计			200000			

注：此表"暂估金额"由招标人填写，投标人应将"暂估金额"计入投标总价中，结算时按合同约定结算金额填写。

（4）计日工表

计日工表

工程名称：某市道路改造工程　　　　　　　　　　标段：　　　　　　　　　　第 1 页　共 1 页

编号	项目名称	单位	暂定数量	实际数量	综合单价/元	合价/元	
						暂定	实际
一	人工						
1	技工	工日	100	93	49.00	4557.00	
2	壮工	工日	80	88	41.00	3608.00	
人工小计						8165.00	
二	材料						
1	水泥 42.5	t	30.00	32.00	298.00	9536.00	

编号	项目名称	单位	暂定数量	实际数量	综合单价/元	合价/元	
						暂定	实际
2	钢筋	t	10.00	10.00	3500.00	35000.00	
	材料小计					44536.00	
三	施工机械						
1	履带式推土机 105kW	台班	3	3	990.00	2970.00	
2	汽车起重机 25t	台班	3	3	2450.00	7350.00	
	施工机械小计					10320.00	
四	企业管理费和利润	按人工费 20%计					
	总　计					63021.00	

注：此表项目名称、暂定数量由招标人填写。投标时，单价由投标人自主报价，按暂定数量计算合价计入投标总价中。

（5）总承包服务费计价表

总承包服务费计价表

工程名称：某市道路改造工程　　　　　　标段：　　　　　　　　第1页　共1页

序号	项目名称	项目价值/元	服务内容	计算基础	费率（%）	金额/元
1	发包人发包专业工程	500000	1. 按专业工程承包人的要求提供施工工作面并对施工现场进行统一整理汇总 2. 为专业工程承包人提供垂直运输机械和焊接电源接入点，并承担垂直运输费和电费	项目价值	5	25000
	合　计	—	—		—	25000

注：此表项目名称、服务内容有招标人填写，编制招标控制价时，费率及金额由招标人按有关计价规定确定；投标时，费率及金额由投标人自主报价，计入投标总价中。

9. 规费、税金项目计价表

规费、税金项目计价表

工程名称：某市道路改造工程　　　　　　标段：　　　　　　　　第1页　共1页

序号	项目名称	计算基础	计算基数	计算费率（%）	金额/元
1	规费	定额人工费			2115774.62
1.1	社会保险费	定额人工费	（1）＋…＋（5）		1552819.07
（1）	养老保险费	定额人工费		4	750607.41
（2）	失业保险费	定额人工费		2	187651.85
（3）	医疗保险费	定额人工费		3	562955.55
（4）	工伤保险费	定额人工费		0.1	18765.19
（5）	生育保险费	定额人工费		0.25	32839.07
1.2	住房公积金	定额人工费		3	562955.55
1.3	工程排污费	按工程所在地环境保护部门收取标准，按实计入			—
2	税金	分部分项工程费＋措施项目费＋其他项目费＋规费－按规定不计税的工程设备金额		3.413	1790965.86
	合　计				3906740.48

编制人（造价人员）：　　　　　　　　　　　　复核人（造价工程师）：

10. 总价项目进度款支付分解表

总价项目进度款支付分解表

工程名称：某市道路改造工程　　　　　　　　　　标段：　　　　　　　　第1页　共1页

序号	项目名称	总价金额	首次支付	二次支付	三次支付	四次支付	五次支付	
1	安全文明施工费	1587692.21	476307.66	476307.66	317538.44	317538.45		
2	夜间施工增加费	52898.56	10579.71	10579.71	10579.71	10579.71	10579.72	
3	二次搬运费	10287.98	2057.59	2057.59	2057.59	2057.59	2057.62	
	略							
	社会保险费	1552819.07	310563.81	310563.81	310563.81	310563.81	310563.83	
	住房公积金	562955.55	112591.11	112591.11	112591.11	112591.11	112591.11	
	合　计							

编制人（造价人员）：　　　　　　　　　　　　　　复核人（造价工程师）：

注：1. 本表应由承包人在投标报价时根据发包人在招标文件明确的进度款支付周期与报价填写，签订合同时，发承包双方可就支付分解协商调整后作为合同附件。

　　2. 单价合同使用本表，"支付"栏时应与单价项目进度款支付周期相同。

　　3. 总价合同使用本表，"支付"栏时应与约定的工程计量周期相同。

11. 主要材料、工程设备一览表

承包人提供主要材料和工程设备一览表
（适用于造价信息差额调整法）

工程名称：某市道路改造工程　　　　　　　　　　标段：　　　　　　　　第1页　共1页

序号	名称、规格、型号	单位	数量	风险系数（%）	基准单价/元	投标单价/元	发承包人确认单价/元	备注
1	预拌混凝土C20	m³	25	≤5	310	308		
2	预拌混凝土C25	m³	560	≤5	323	325		
3	预拌混凝土C30	m³	3120	≤5	340	340		

注：1. 此表由招标人填写除"投标单价"栏的内容，投标人在投标时自主确定投标单价。

　　2. 投标人应优先采用工程造价管理机构发布的单价作为基准单价，未发布的，通过市场调查确定其基准单价。

8.2　市政工程竣工结算编制实例

现以某市主干道路改造工程为例介绍工程竣工结算编制（由发包人核对）。

1. 封面

竣工结算书封面

_____<u>某市道路改造</u>_____工程

竣 工 结 算 书

发 包 人：<u>某市委办公室</u>
（单位盖章）

承 包 人：<u>××建筑公司</u>
（单位盖章）

造价咨询人：<u>××工程造价咨询企业</u>
（单位盖章）

××年×月×日

2. 扉页

竣工结算书扉页

_____ 某市道路改造 _____ 工程

竣 工 结 算 总 价

签约合同价（小写）： 　　　54265793.41 元

　　　　　　　（大写）： 　　伍仟肆佰贰拾陆万伍仟柒佰玖拾叁元肆角壹分

竣工结算价（小写）： 　　　52490192.56 元

　　　　　　　（大写）： 　　伍仟贰佰肆拾玖万零壹佰玖拾贰元伍角陆分

发包人： 　某市委办公室　　承包人： 　××建筑公司　　造价咨询人： 　××工程造价咨询企业
　　　　　（单位盖章）　　　　　　　　（单位盖章）　　　　　　　　（单位资质专用章）

法定代表人　某市委办公室　　法定代表人 ××建筑公司　　法定代表人 ××工程造价咨询企业
或其授权人： 　×××　　或其授权人： 　×××　　或其授权人： 　×××
　　　　　　（签字或盖章）　　　　　　（签字或盖章）　　　　　　（签字或盖章）

编 制 人： 　　×××　　核 对 人： 　　×××
　　　　（造价人员签字盖专用章）　　　　　（造价工程师签字盖专用章）

编制时间：××年×月×日　　　　核对时间：××年×月×日

174

3. 总说明

工程名称：某市道路改造工程　　　　　　　　　　　　　　　　　　　　第1页　共1页

　　1. 工程概况：某市道路全长 6km，路宽 70cm。8 车道，其中有大桥上部结构为预应力混凝土 T 形梁，梁高为 1.2m，跨境为 1×22m+6×20m，桥梁全长 164m。下部结构，中墩为桩接柱，柱顶盖梁；边墩为重力桥台。墩柱直径为 1.2m，转孔桩直径为 1.3m。合同工期为 280 天，实际施工工期 270 天。

　　2. 竣工结算依据。

　　(1) 承包人报送的竣工结算。

　　(2) 施工合同、投标文件、招标文件。

　　(3) 竣工图、发包人确认的实际完成工程量和索赔及现场签证资料。

　　(4) 省建设主管部门颁发的计价定额和计价管理办法及相关计价文件。

　　(5) 省工程造价管理机构发布人工费调整文件。

　　3. 核对情况说明：（略）。

　　4. 结算价分析说明：（略）。

3. 竣工结算汇总表

建设项目竣工结算汇总表

工程名称：某市道路改造工程　　　　　　　　　　　　　　　　　　　　第1页　共1页

序号	单项工程名称	金额/元	其中：/元	
			安全文明施工费	规费
1	某市道路改造工程	46611234.48	1587692.21	2180571.86
	合　　计	46611234.48	1587692.21	2180571.86

说明：本工程为单项工程，故单项工程即为建设项目。

单位工程竣工结算汇总表

工程名称：某市道路改造工程　　　　　　　　　　　　　　　　　　　　第1页　共1页

序号	汇总内容	金额/元
1	分部分项工程	46611234.48
0401	土石方工程	2202967.83
0402	道路工程	24966936.49
0403	桥涵护岸工程	11227288.04
0405	市政管网工程	1318642.12
0409	钢筋工程	6895400.00
2	措施项目	1598191.55
0411	其中：安全文明施工费	1587692.21
3	其他项目	367830.00
3.1	其中：专业工程结算价	198700.00
3.2	其中：计日工	84130.00
3.3	其中：总承包服务费	30000.00
3.4	其中：索赔与现场签证	55000.00
4	规费	2180571.86
5	税金	1732364.67
	竣工结算总价合计＝1+2+3+4+5	52490192.56

注：如无单位工程划分，单项工程也使用本表汇总。

4. 分部分项工程和单价措施项目清单与计价表

分部分项工程和单价措施项目清单与计价表（一）

工程名称：某市道路改造工程　　　　　　　　　　标段：　　　　　　　　第1页　共6页

序号	项目编码	项目名称	项目特征描述	计量单位	工程量	金额/元	
						综合单价	合价
			0401 土石方工程				
1	040101001001	挖一般土方	1. 土壤类别：一、二类土 2. 挖土深度：4m 以内	m³	143000.00	10.20	1458600.00
2	040101002001	挖沟槽土方	1. 土壤类别：三、四类土 2. 挖土深度：4m 以内	m³	2493.00	11.60	28918.80
3	040101002002	挖沟槽土方	1. 土壤类别：三、四类土 2. 挖土深度：3m 以内	m³	500.32	155.71	77904.83
4	040101002003	挖沟槽土方	1. 土壤类别：三、四类土 2. 挖土深度：6m 以内	m³	2837.00	16.88	47888.56
5	040103001001	回填方	密实度：90%以上	m³	8500.00	8.10	68850.00
6	040103001002	回填方	1. 密实度：90%以上 2. 填方材料品种：二灰土 12：35：53	m³	7700.00	6.95	53515.00
7	040103001003	回填方	填方材料品种：砂砾石	m³	208.00	61.25	12740.00
8	040103001004	回填方	1. 密实度：≥96% 2. 填方粒径：粒径 5～80cm 3. 填方材料品种：砂砾石	m³	3631.00	28.24	102539.44
9	040103002001	余方弃置	1. 废弃料品种：松土 2. 运距：100mm	m³	46000.00	7.34	337640.00
10	040103002002	余方弃置	运距：10km	m³	1497.00	9.60	14371.20
			分部小计				2202967.83
			本页小计				2202967.83
			合计				2202967.83

分部分项工程和单价措施项目清单与计价表（二）

工程名称：某市道路改造工程　　　　　　　　　　标段：　　　　　　　　第2页　共6页

序号	项目编码	项目名称	项目特征描述	计量单位	工程量	金额/元	
						综合单价	合价
			0402 道路工程				
11	040201004001	掺石灰	含灰量：10%	m³	1800.00	56.42	101556.00
12	040202002001	石灰稳定土	1. 含灰量：10% 2. 厚度：15cm	m²	84060.00	15.98	1343278.80
13	040202002002	石灰稳定土	1. 含灰量：11% 2. 厚度：30cm	m²	57320.00	15.64	896484.80
14	040202006001	石灰、粉煤灰、碎（砾）石	1. 配合比：10：20：70 2. 二灰碎石厚度：12cm	m²	84060.00	30.55	2568033.00
15	040202006002	石灰、粉煤灰、碎（砾）石	1. 配合比：10：20：71 2. 二灰碎石厚度：20cm	m²	57320.00	24.56	1407779.20

序号	项目编码	项目名称	项目特征描述	计量单位	工程量	综合单价	合价
						金额/元	
16	040204002001	人行道块料铺设	1. 材料品种：普通人行道板 2. 块料规格：25×2cm	m²	5850.00	0.61	3568.50
17	040204002002	人行道块料铺设	1. 材料品种：异型彩色花砖，D型砖 2. 垫层材料：1：3石灰砂浆	m²	20590.00	13.01	267875.90
18	040205001001	人（手）孔井	1. 材料品种：接线井 2. 规格尺寸：100cm×100cm×100cm	座	5	706.43	3532.15
19	040205001002	人（手）孔井	1. 材料品种：接线井 2. 规格尺寸：50cm×50cm×100cm	座	55	492.10	27065.50
20	040205012001	隔离护栏	材料品种：钢制人行道护栏	m	1440.00	14.24	20505.60
21	040205012001	隔离护栏	材料品种：钢制机非分隔栏	m	200.00	15.06	3012.00
22	040203005001	黑色碎石	1. 材料品种：石油沥青 2. 厚度：6cm	m²	91360.00	48.44	4425478.40
			分部小计				11068169.85
			本页小计				11068169.85
			合计				13271137.68

分部分项工程和单价措施项目清单与计价表（三）

工程名称：某市道路改造工程　　　　　　　　　　标段：　　　　　　　　第 3 页　共 6 页

序号	项目编码	项目名称	项目特征描述	计量单位	工程量	综合单价	合价
						金额/元	
			0402 道路工程				
23	040203006001	沥青混凝土	厚度：5cm	m²	3383.00	113.24	383090.92
24	040203006002	沥青混凝土	厚度：4cm	m²	91360.00	103.67	9471291.20
25	040203006003	沥青混凝土	厚度：3cm	m²	126000.00	30.45	3836700.00
26	040202015001	水泥稳定碎（砾）石	1. 石料规格：d7，≥2.0MPa 2. 厚度：18cm	m²	793.00	21.30	16890.90
27	040202015002	水泥稳定碎（砾）石	1. 石料规格：d7，≥3.0MPa 2. 厚度：17cm	m²	793.00	20.21	16026.53
28	040202015003	水泥稳定碎（砾）石	1. 石料规格：d7，≥3.0MP 2. 厚度：18cm	m²	793.00	20.11	15947.23
29	040202015004	水泥稳定碎（砾）石	1. 石料规格：d7，≥2.0MPa 2. 厚度：21cm	m²	728.00	16.24	11822.72
30	040202015005	水泥稳定碎（砾）石	1. 石料规格：d7，≥2.0MPa 2. 厚度：22cm	m²	364.00	16.20	5896.80

序号	项目编码	项目名称	项目特征描述	计量单位	工程量	金额/元	
						综合单价	合价
31	040204004001	安砌侧（平、缘）石	1. 材料品种：花岗岩剁斧平石 2. 材料规格：12cm×25cm×49.5cm	m²	673.00	52.23	35150.79
32	040204004002	安砌侧（平、缘）石	1. 材料品种：甲B型机切花岗岩路缘石 2. 材料规格：15cm×32cm×99.5cm	m²	1015.00	83.21	84458.15
33	040204004003	安砌侧（平、缘）石	1. 材料品种：甲B型机切花岗岩路缘石 2. 材料规格：15cm×25cm×74.5cm	m²	340.00	63.21	21491.40
		分部小计					24966936.49
		本页小计					13898766.64
		合计					27169904.32

分部分项工程和单价措施项目清单与计价表（四）

工程名称：某市道路改造工程　　　　　　　　标段：　　　　　　　　第4页　共6页

序号	项目编码	项目名称	项目特征描述	计量单位	工程量	金额/元	
						综合单价	合价
			0403 桥涵护岸工程				
34	040301006001	干作业成孔灌注桩	1. 桩径：直径1.3cm 2. 混凝土强度等级：C25	m	1036.00	1251.03	1296067.08
35	040301006002	干作业成孔灌注桩	1. 桩径：直径1cm 2. 混凝土强度等级：C25	m	1680.00	1593.21	2676592.80
36	040303003001	混凝土承台	混凝土强度等级：C10	m³	1015.00	288.36	292685.40
37	040303005001	混凝土墩（台）身	1. 部位：墩柱 2. 混凝土强度等级：C35	m³	384.00	435.21	167120.64
38	040303005002	混凝土墩（台）身	1. 部位：墩柱 2. 混凝土强度等级：C30	m³	1210.00	308.25	372982.50
39	040303006001	混凝土支撑梁及横梁	1. 部位：简支梁湿接头 2. 混凝土强度等级：C30	m³	937.00	385.21	360941.77
40	040303007001	混凝土墩（台）盖梁	混凝土强度等级：C35	m³	748.00	346.25	258995.00
41	040303019001	桥面铺装	1. 沥青品种：改性沥青、玛琋脂、玄武石、碎石混合料 2. 厚度：4cm	m²	7550.00	35.21	265835.50
42	040303019002	桥面铺装	1. 沥青品种：改性沥青、玛琋脂、玄武石、碎石混合料 2. 厚度：5cm	m²	7560.00	42.22	319183.20
43	040303019003	桥面铺装	混凝土强度等级：C30	m²	281.00	621.20	174557.20
44	040304001001	预制混凝土梁	1. 部位：墩柱连系梁 2. 混凝土强度等级：C30	m²	205.00	225.12	46149.60

178

序号	项目编码	项目名称	项目特征描述	计量单位	工程量	金额/元 综合单价	金额/元 合价
45	040304001002	预制混凝土梁	1. 部位：预应力混凝土简支梁 2. 混凝土强度等级：C30	m²	781.00	1244.23	971743.63
46	040304001003	预制混凝土梁	1. 部位：预应力混凝土简支梁 2. 混凝土强度等级：C45	m²	2472.00	1244.23	3075736.56
		分部小计					10278590.88
		本页小计					10278590.88
		合计					37448495.20

分部分项工程和单价措施项目清单与计价表（五）

工程名称：某市道路改造工程 　　　　　　　　　　　　标段： 　　　　　

序号	项目编码	项目名称	项目特征描述	计量单位	工程量	金额/元 综合单价	金额/元 合价
			0403 桥涵护岸工程				
47	040305003001	浆砌块料	1. 部位：河道浸水挡墙、墙身 2. 材料品种：M10 浆砌片石 3. 泄水孔品种、规格：塑料管，φ100	m³	593.00	158.32	93883.76
48	040303002001	混凝土基础	1. 部位：河道浸水挡墙基础 2. 混凝土强度等级：C25	m³	1027.00	81.22	83412.94
49	040303016001	混凝土挡墙压顶	混凝土强度等级：C25	m³	32.00	171.23	5479.36
50	040309004001	橡胶支座	规格：20cm × 35cm × 4.9cm	m³	32.00	172.13	5508.16
51	040309008001	桥梁伸缩装置	材料品种：毛勒伸缩缝	m	180.00	2066.22	371919.60
52	040309010001	防水层	材料品种：APP 防水层	m²	10194.00	38.11	388493.34
		分部小计					11227288.04
			0405 市政管网工程				
53	040504001001	砌筑井	1. 规格：1.4×1.0 2. 埋深：3m	座	32	1758.21	56262.72
54	040504001002	砌筑井	1. 规格：1.2×1.0 2. 埋深：2m	座	82	1653.58	135593.56
55	040504001003	砌筑井	1. 规格：φ900 2. 埋深：1.5m	座	42	1048.23	44025.66
56	040504001004	砌筑井	1. 规格：0.6×0.6 2. 埋深：1.5m	座	52	688.12	35782.24
57	040504001005	砌筑井	1. 规格：0.48×0.48 2. 埋深：1.5m	座	104	672.56	69946.24

序号	项目编码	项目名称	项目特征描述	计量单位	工程量	综合单价	合价
						金额/元	
58	040504009001	雨水口	1. 类型：单平算 2. 埋深：3m	座	11	456.90	5025.90
59	040504009002	雨水口	1. 类型：双平算 2. 埋深：2m	座	300	772.33	231699.00
			分部小计				578335.32
			本页小计				1527032.48
			合计				38975527.68

分部分项工程和单价措施项目清单与计价表（六）

工程名称：某市道路改造工程 　　　　　　　　　　标段：　　　　　　　　　　第6页　共6页

序号	项目编码	项目名称	项目特征描述	计量单位	工程量	综合单价	合价
						金额/元	
			0405 市政管网工程				
60	040501001001	混凝土管	1. 规格：DN1650 2. 埋深：3.5m	m	456.00	384.25	175218.00
61	040501001002	混凝土管	1. 规格：DN1000 2. 埋深：3.5m	m	430.00	124.02	53328.60
62	040501001003	混凝土管	1. 规格：DN1000 2. 埋深：2.5m	m	1696.00	84.32	143006.72
63	040501001004	混凝土管	1. 规格：DN1000 2. 埋深：2m	m	1200.00	84.32	101184.00
64	040501001005	混凝土管	1. 规格：DN800 2. 埋深：1.5m	m	766.00	36.20	27729.20
65	040501001006	混凝土管	1. 规格：DN600 2. 埋深：1.5m	m	2904.00	26.22	76142.88
66	040501001007	混凝土管	1. 规格：DN600 2. 埋深：3.5m	m	457.00	358.20	163697.40
			分部小计				1318642.12
			0409 钢筋工程				
67	040901001001	现浇混凝土钢筋	钢筋规格：$\phi10$ 以外	t	283.00	3800.00	1075400.00
68	040901001002	现浇混凝土钢筋	钢筋规格：$\phi11$ 以内	t	1195.00	3600.00	4302000.00
69	040901006001	后张法预应力钢筋	1. 钢筋种类：钢绞线（高强低松弛）R＝1860MPa 2. 锚具种类：预应力锚具 3. 压浆管材质、规格：金属波纹管内径 6.2cm，长17108m 4. 砂浆强度等级：C40	t	138.00	11000.00	1518000.00
			分部小计				6895400.00
			本页小计				7635706.80
			合计				46611234.48

5. 综合单价分析表

以某市道路改造工程石灰、粉煤灰、碎（砾）石，人行道块料铺设工程量综合单价分析表介绍工程竣工结算中综合单价分析表的编制。

综合单价分析表（一）

工程名称：某市道路改造工程　　　　　　　　标段：　　　　　　　第1页　共2页

项目编码	040202006001		项目名称	石灰、粉煤灰、碎（砾）石		计量单位	m²	工程量	84060.00
清单综合单价组成明细									
定额编号	定额项目名称	定额单位	数量	单价					

定额编号	定额项目名称	定额单位	数量	人工费	材料费	机械费	管理费和利润	人工费	材料费	机械费	管理费和利润
2-62	石灰：粉煤灰：碎石=10：20：70	100m²	0.01	315	2086.42	86.58	566.50	3.15	20.86	0.87	5.67

人工单价		小计					3.15	20.86	0.87	5.67
22.47元/工日		未计价材料费					—			
清单项目综合单价							30.55			

材料费明细	主要材料名称、规格、型号	单位	数量	单价/元	合价/元	暂估单价/元	暂估合价/元
	生石灰	t	0.0396	120.00	4.75		
	粉煤灰	m³	0.1056	80.00	8.45		
	碎石 25~40mm	m³	0.1891	40.36	7.63		
	水	m³	0.063	0.45	0.03		
	其他材料费			—		—	
	材料费小计			—	20.86	—	

注：1. 如不使用省级或行业建设主管部门发布的计价依据，可不填定额编号、名称等。
　　2. 招标文件提供了暂估单价的材料，按暂估的单价填入表内"暂估单价"栏及"暂估合价"栏。

综合单价分析表（二）

工程名称：某市道路改造工程　　　　　　　　标段：　　　　　　　第2页　共2页

项目编码	040204002002		项目名称	人行道块料铺设		计量单位	m²	工程量	20590.00
清单综合单价组成明细									

定额编号	定额项目名称	定额单位	数量	人工费	材料费	机械费	管理费和利润	人工费	材料费	机械费	管理费和利润
2-322	D型砖	10m²	0.1	62.15	48.32	—	19.63	6.22	4.83	—	1.96

人工单价		小计					6.22	4.83	—	1.96
22.47元/工日		未计价材料费								
清单项目综合单价							13.01			

主要材料名称、规格、型号	单位	数量	单价/元	合价/元	暂估单价/元	暂估合价/元
生石灰	t	0.006	120.00	0.72		
粗砂	m³	0.024	45.22	1.09		
水	m³	0.111	0.45	0.05		
D型砖	m³	29.70	0.10	2.97		
其他材料费			—		—	
材料费小计			—	4.83	—	

材料费明细

注：1. 如不使用省级或行业建设主管部门发布的计价依据，可不填定额编号、名称等。

2. 招标文件提供了暂估单价的材料，按暂估的单价填入表内"暂估单价"栏及"暂估合价"栏。

（其他分部分项工程的清单综合单价分析表略）

6. 综合单价调整表

综合单价调整表

工程名称：某市道路改造工程　　　　　　　　标段：　　　　　　　　第1页　共1页

序号	项目编码	项目名称	已标价清单综合单价/元					调整后综合单价/元				
			综合单价	其中				综合单价	其中			
				人工费	材料费	机械费	管理费和利润		人工费	材料费	机械费	管理费和利润
1	040901001001	现浇混凝土钢筋	3476.00	284.75	3026.54	62.42	102.29	3800.00	320.75	3314.54	62.42	102.29
2	（其他略）											

造价工程师（签章）：　　发包人代表（签章）：　　　　造价人员（签章）：　　发包人代表（签章）：

日期：　　　　　　　　　　　　　　　　日期：

注：综合单价调整应附调整依据。

7. 总价措施项目清单与计价表

总价措施项目清单与计价表

工程名称：某市道路改造工程　　　　　　　　标段：　　　　　　　　第1页　共1页

序号	项目编码	项目名称	计算基础	费率（%）	金额/元	调整费率（%）	调整后金额/元	备注
1	011707001001	安全文明施工费	定额人工费	38	1587692.21	8	1511714.15	
2	011707001002	夜间施工增加费	定额人工费	1.5	52898.56	1.5	52898.56	
3	011707001004	二次搬运费	定额人工费	1	10287.98	1	10287.98	
4	011707001005	东雨季施工增加费	定额人工费	0.6	10287.98	0.6	10287.98	
5	011707001007	已完工程及设备保护费			13002.88		13002.88	
	合　计				1674169.61		1598191.55	

编制人（造价人员）：　　　　　　复核人（造价工程师）：

注：1. "计算基础"中安全文明施工费可为"定额基价"、"定额人工费"或"定额人工费+定额机械费"，其他项目可为"定额人工费"或"定额人工费+定额机械费"。

2. 按施工方案计算的措施费，若无"计算基础"和"费率"的数值，也可只填"金额"数值，但应在备注栏说明施工方案出处或计算方法。

8. 其他项目清单与计价汇总表

其他项目清单与计价汇总表

工程名称：某市道路改造工程　　　　　　　标段：　　　　　　　　　　第 1 页　共 1 页

序号	项目名称	金额/元	结算金额/元	备注
1	暂列金额		—	
2	暂估价	200000.00	198700.00	
2.1	材料暂估价	—	—	
2.2	专业工程结算价	200000.00	198700.00	明细详见（2）
3	计日工	63021.00	84130.00	明细详见（3）
4	总承包服务费	25000.00	30000.00	明细详见（4）
5	索赔与现场签证		55000.00	明细详见（5）
	合　计		367830.00	—

注：材料（工程设备）暂估价进入清单项目综合单价，此处不汇总。

（1）材料（工程设备）暂估单价及调整表

材料（工程设备）暂估单价及调整表

工程名称：某市道路改造工程　　　　　　　标段：　　　　　　　　　　第 1 页　共 1 页

序号	材料（工程设备）名称、规格、型号	计量单位	数量 暂估	数量 确认	暂估/元 单价	暂估/元 合价	确认/元 单价	确认/元 合价	差额±/元 单价	差额±/元 合价	备注
1	钢筋（规格、型号综合）	t	100	96	4000	4230	400000	406080	230	6080	用于现浇钢筋混凝土项目
	合　计						400000	406080		6080	

注：此表由招标人填写"暂估单价"，并在备注栏说明暂估价的材料、工程设备拟用在哪些清单项目上，投标人应将上述材料、工程设备暂估单价计入工程量清单综合单价报价中。

（2）专业工程暂估价及结算价表

专业工程暂估价及结算价表

工程名称：某市道路改造工程　　　　　　　标段：　　　　　　　　　　第 1 页　共 1 页

序号	工程名称	工程内容	暂估金额/元	结算金额/元	差额±/元	备注
1	消防工程	合同图纸中标明的以及消防工程规范和技术说明中规定的各系统中的设备、管道、阀门、线缆等的供应、安装和调试工作	200000	198700	−1300	
	合　计		200000	198700	−1300	

注：此表"暂估金额"由招标人填写，投标人应将"暂估金额"计入投标总价中，结算时按合同约定结算金额填写。

（3）计日工表

计日工表

工程名称：某市道路改造工程　　　　　　　　　　　　　　标段：　　　　　　　　　　第 1 页　共 1 页

编号	项目名称	单位	暂定数量	实际数量	综合单价/元	合价/元	
						暂定	实际
一	人工						
1	技工	工日	100	120	49.00	5880.00	
2	壮工	工日	80	90	41.00	3690.00	
	人工小计					9570.00	
二	材料						
1	水泥 42.5	t	30.00	40.00	298.00	11920.00	
2	钢筋	t	10.00	12.00	3500.00	42000.00	
	材料小计					53920.00	
三	施工机械						
1	履带式推土机 105kW	台班	3	6	990.00	5940.00	
2	汽车起重机 25t	台班	3	6	2450.00	14700.00	
	施工机械小计					20640.00	
四	企业管理费和利润　　按人工费 20%计						
总　计			84130.00				

注：此表项目名称、暂定数量由招标人填写，编制招标控制价时，单价由招标人按有关计价规定确定；投标时，单价由投标人自主报价，按暂定数量计算合价计入投标总价中。结算时，按发承包双方确认的实际数量计算合价。

（4）总承包服务费计价表

总承包服务费计价表

工程名称：某市道路改造工程　　　　　　　　　　　　　　标段：　　　　　　　　　　第 1 页　共 1 页

序号	项目名称	项目价值/元	服务内容	计算基础	费率（%）	金额/元
1	发包人发包专业工程	500000	1. 按专业工程承包人的要求提供施工工作面并对施工现场进行统一整理汇总 2. 为专业工程承包人提供垂直运输机械和焊接电源接入点，并承担垂直运输费和电费	项目价值	4.5	30000
	合　计	—	—		—	30000

注：此表项目名称、服务内容有招标人填写，编制招标控制价时，费率及金额由招标人按有关计价规定确定；投标时，费率及金额由投标人自主报价，计入投标总价中。

（5）索赔与现场签证计价汇总表

索赔与现场签证计价汇总表

工程名称：某市道路改造工程　　　　　　　　标段：　　　　　　　　第1页　共1页

序号	签证及索赔项目名称	计量单位	数量	单价/元	合价/元	索赔及签证依据
1	暂停施工				25000	001
2	隔离带	条	5	6000	30000	002
…	（其他略）					
—	本页小计	—	—	—	55000	—
—	合　计	—	—	—	55000	—

注：签证及索赔依据是指经双方认可的签证单和索赔依据的编号。

（6）费用索赔申请（核准）表

费用索赔申请（核准）表

工程名称：某市道路改造工程　　　　　　　　标段：　　　　　　　　编号：001

致：某市道路改造工程指挥办公室　　　　　　　　　　　　　　（发包人全称） 　　根据施工合同条款第12条的约定，由于你方工作需要的原因，我方要求索赔金额（大写）贰万伍仟元整（小写25000.00 元）。请予核准。 附：1. 费用索赔的详细理由和依据：根据发包人"关于暂停施工的通知"（详见附件1）。 　　2. 索赔金额的计算：详见附件2。 　　3. 证明材料： 　　　　　　　　　　　　　　　　　　　　　　　　　　　承包人（章）：（略） 　　　　　　　　　　　　　　　　　　　　　　　　　　　承包人代表：　×××　 　　　　　　　　　　　　　　　　　　　　　　　　　　　日　　期：××年×月×日

复核意见： 　　根据施工合同条款第12条的约定，你方提出的费用索赔申请经复核： □不同意此项索赔，具体意见见附件。 ☑同意此项索赔，索赔金额的计算，由造价工程师复核。 　　　　　监理工程师：　×××　 　　　　　日　　期：××年×月×日	复核意见： 　　根据施工合同条款第12条的约定，你方提出的费用索赔申请经复核，索赔金额为（大写）贰万伍仟元整（小写25000.00 元）。 　　　　　监理工程师：　×××　 　　　　　日　　期：××年×月×日
审核意见： □不同意此项索赔。 ☑同意此项索赔，与本期进度款同期支付。 　　　　　　　　　　　　　　　　　　　　　　　　　　　发包人（章）（略） 　　　　　　　　　　　　　　　　　　　　　　　　　　　发包人代表：　×××　 　　　　　　　　　　　　　　　　　　　　　　　　　　　日　　期：××年×月×日	

注：1. 在选择栏中的"□"内作标识"√"。
　　2. 本表一式四份，由承包人填报，发包人、监理人、造价咨询人、承包人各存一份。

附件1

关于暂停施工的通知

××建筑公司××项目部：

      为了使考生有一个安静的复习、休息和考试环境，响应国家环保总局和省环保局"关于加强中高考期间环境噪声监督管理"的有关规定，请你们在高考期间（6月6日—8日）3天暂停施工。期间并配合上级主管部门进行工程质量检查工作。

某市道路改造工程指挥办公室
办公室（章）
××年×月×日

附件2

索赔金额的计算

一、人工费

1. 技工50人：50人×50/工日×3天＝7500元

2. 壮工100人：100人×45/工日×3天＝13500元

小计：20000元

二、管理费

20000元×25％＝5000元

索赔费用合计：25000元

××建筑公司某市道路改造工程项目部
××年×月×日

（7）现场签证表

现场签证表

工程名称：某市道路改造工程　　　　　　　标段：　　　　　　　　编号：002

施工单位	市政指定位置	日期	××年×月×日

致：某市道路改造工程指挥办公室　　　　　　　　　　　　（发包人全称）

　　根据×××2013年××月××日的口头指令，我方要求完成此项工作应支付价款金额为（大写）叁万元（小写30000.00），请予核准。

　　附：1. 签证事由及原因：为道路通车以后车辆行驶安全，增加5条隔离带。
　　　　2. 附图及计算式：（略）

承包人（章）：（略）
承包人代表：　×××
日　　期：××年×月×日

复核意见： 　　你方提出的此项签证申请经复核： □不同意此项签证，具体意见见附件。 ☑同意此项签证，签证金额的计算，由造价工程师复核。 　　　　监理工程师：　××× 　　　　日　　期：××年×月×日	复核意见： 　　☑此项签证按承包人中标的计日工单价计算，金额为（大写）叁万元，（小写30000.00 元）。 　　□此项签证因无计日工单价，金额为（大写）＿＿＿元，（小写）＿＿＿＿。 　　　　造价工程师：　××× 　　　　日　　期：××年×月×日

审核意见： □不同意此项签证。 ☑同意此项签证，价款与本期进度款同期支付。 <div align="right">承包人（章）（略） 承包人代表：　××× 日　　期：××年×月×日</div>

注：1. 在选择栏中的"□"内作标识"√"。
　　2. 本表一式四份，由承包人在收到发包人（监理人）的口头或书面通知后填写，发包人、监理人、造价咨询人、承包人各存一份。

9. 规费、税金项目计价表

规费、税金项目计价表

工程名称：某市道路改造工程　　　　　　　标段：　　　　　　　第1页 共1页

序号	项目名称	计算基础	计算基数	计算费率（%）	金额/元
1	规费	定额人工费			2180571.86
1.1	社会保险费	定额人工费	(1)+…+(5)		1563679.05
(1)	养老保险费	定额人工费		4	755857.07
(2)	失业保险费	定额人工费		2	188964.27
(3)	医疗保险费	定额人工费		3	566892.81
(4)	工伤保险费	定额人工费		0.1	18896.43
(5)	生育保险费	定额人工费		0.25	33068.47
1.2	住房公积金	定额人工费		3	566892.81
1.3	工程排污费	按工程所在地环境保护部门收取标准，按实计入			50000.00
2	税金	分部分项工程费＋措施项目费＋其他项目费＋规费－按规定不计税的工程设备金额		3.413	1732364.67
	合　计				3912936.53

编制人（造价人员）：　　　　　　　　　　复核人（造价工程师）：

10. 工程计量申请（核准）表

工程计量申请（核准）表

工程名称：某市道路改造工程　　　　　　　　　　　标段：　　　　　　　　　　第 1 页　共 1 页

序号	项目编码	项目名称	计量单位	承包人申报数量	发包人核实数量	发承包人确认数量	备注
1	040101001001	挖一般土方	m³	142100.00	143000.00	143000.00	
2	040101002001	挖沟槽土方	m³	2493.00	2493.00	2493.00	
3	040101002002	挖沟槽土方	m³	837.00	500.32	500.32	
4	040101002003	挖沟槽土方	m³	2837.00	2837.00	2837.00	
5	040103001001	回填方	m³	8500.00	8500.00	8500.00	
	（略）						
承包人代表： ××× 日期：××年×月×日		监理工程师： ××× 日期：××年×月×日		造价工程师： ××× 日期：××年×月×日		发包人代表： ××× 日期：××年×月×日	

11. 预付款支付申请（核准）表

预付款支付申请（核准）表

工程名称：某市道路改造工程　　　　　　　　　　　标段：　　　　　　　　　　第 1 页　共 1 页

致：某市道路改造工程指挥办公室　　　　　　　　　　　　　　　　　　　（发包人全称）

　　我方根据施工合同的约定，先申请支付工程预付款额为（大写）陆百叁拾柒万玖仟壹佰玖拾肆元（小写 6379194.00 元），请予核准。

序号	名称	申请金额/元	复核金额/元	备注
1	已签约合同价款金额	54265793.41	54265793.41	
2	其中：安全文明施工费	1587692.21	1587692.21	
3	应支付的预付款	5426579	4883921	
4	应支付的安全文明施工费	952615	952615	
5	合计应支付的预付款	6379194	5836536	

计算依据见附件

　　　　　　　　　　　　　　　　　　　　　　　　　　　　　　　承包人（章）

造价人员：　×××　　　　　　承包人代表：　×××　　　　　日　　期：××年×月×日

复核意见： □与合同约定不相符，修改意见见附件。 ☑□与合约约定相符，具体金额由造价工程师复核。 　　　监理工程师：　××× 　　　日　　期：××年×月×日	复核意见： 　　你方提出的支付申请经复核，应支付预付款金额为（大写）伍佰捌拾叁万陆仟伍佰叁拾陆元（小写 5836536.00 元）。 　　　造价工程师：　××× 　　　日　　期：××年×月×日
审核意见： □不同意。 ☑同意，支付时间为本表签发后的 15d 内。 　　　　　　　　　　　　　　　　　　　发包人（章） 　　　　　　　　　　　　　发包人代表：　××× 　　　　　　　　　　　　　日　　期：××年×月×日	

　　注：1. 在选择栏中的"□"内作标识"√"。
　　　　2. 本表一式四份，由承包人填报，发包人、监理人、造价咨询人、承包人各存一份。

12. 总价项目进度款支付分解表

总价项目进度款支付分解表

工程名称：某市道路改造工程　　　　　　　　　　　标段：　　　　　　　　　　第 1 页　共 1 页

序号	项目名称	总价金额	首次支付	二次支付	三次支付	四次支付	五次支付	
1	安全文明施工费	1587692.21	476307.66	476307.66	317538.44	317538.45		
2	夜间施工增加费	52898.56	10579.71	10579.71	10579.71	10579.71	10579.72	
3	二次搬运费	10287.98	2057.59	2057.59	2057.59	2057.59	2057.62	
	略							
	社会保险费	1563679.05	312735.81	312735.81	312735.81	312735.81	312735.81	
	住房公积金	566892.81	113378.56	113378.56	113378.56	113378.56	113378.57	
	合　计							

编制人（造价人员）：　　　　　　　　　　　　　　　　　复核人（造价工程师）：

注：1. 本表应由承包人在投标报价时根据发包人在招标文件明确的进度款支付周期与报价填写，签订合同时，发承包双方可就支付分解协商调整后作为合同附件。

2. 单价合同使用本表，"支付"栏时间应与单价项目进度款支付周期相同。

3. 总价合同使用本表，"支付"栏时间应与约定的工程计量周期相同。

13. 进度款支付申请（核准）表

进度款支付申请（核准）表

工程名称：某市道路改造工程　　　　　　　　标段：　　　　　　　　编号：

致：某市道路改造工程指挥办公室　　　　　　　　　　　　　　（发包人全称）

我方于 ×× 至 ×× 期间已完成了 2km 道路改造 工作，根据施工合同的约定，现申请支付本期的工程款额为（大写）壹佰壹拾壹万柒仟玖佰壹拾玖元壹角肆分（小写 1117919.14 ），请予核准。

序号	名称	申请金额/元	复核金额/元	备注
1	累计已完成的合同价款	1233189.37	—	1233189.37
2	累计已实际支付的合同价款	1109870.43	—1109870.43	
3	本周期合计完成的合同价款	1576893.50	1419204.14	1576893.50
3.1	本周期已完成单价项目的金额	1484047.80		
3.2	本周期应支付的总价项目的金额	14230.00		
3.3	本周期已完成的计日工价款	4631.70		
3.4	本周期应支付的安全文明施工费	62895.00		
3.5	本周期应增加的合同价款	11089.00		
4	本周期合计应扣减的金额	301285.00	301285.00	301897.14
4.1	本周期应抵扣的预付款	301285.00	301285.00	
4.2	本周期应扣减的金额	0	612.14	
5	本周期应支付的合同价款	1475608.50	1117919.14	1117307.00

附：上述 3、4 详见附件清单（略）。

造价人员：×××　　　　承包人代表：×××　　　　　　日　期：××年×月×日

承包人（章）

复核意见：
□ 与实际施工情况不相符，修改意见见附件。
☑ 与实际施工情况相符，具体金额由造价工程师复核。

监理工程师： ×××
日　期：××年×月×日

复核意见：
你方提供的支付申请经复核，本期间已完成工程款额为（大写）壹佰伍拾柒万陆仟捌佰玖拾叁元伍角（小写 1576893.50），本期间应支付金额为（大写）壹佰壹拾壹万柒仟叁佰零柒元（小写 1117307.00）。

造价工程师： ×××
日　期：××年×月×日

审核意见：
□ 不同意。
☑ 同意，支付时间为本表签发后的 15d 内。

发包人（章）
发包人代表： ×××
日　期：××年×月×日

注：1. 在选择栏中的"□"内作标识"√"。
　　2. 本表一式四份，由承包人填报，发包人、监理人、造价咨询人、承包人各存一份。

14. 竣工结算款支付申请（核准）表

竣工结算款支付申请（核准）表

工程名称：某市道路改造工程　　　　　　　　标段：　　　　　　　　编号：

致：**某市道路改造工程指挥办公室（发包人全称）**
　　我方于××至××期间已完成合同约定的工作，工程已经完工，根据施工合同的约定，现申请支付竣工结算合同款额为（大写）<u>肆佰壹拾捌万柒仟贰佰陆拾贰元玖角陆分</u>（小写<u>4187262.96元</u>），请予核准。

序号	名称	申请金额/元	复核金额/元	备注
1	竣工结算合同价款总额	52490192.56	52490192.56	
2	累计已实际支付的合同价款	45678420.00	45678420.00	
3	应预留的质量保证金	2624509.60	2624509.60	
4	应支付的竣工结算款金额	4187262.96	4187262.96	

承包人（章）

造价人员：×××　　　　承包人代表：×××　　　　日　期：××年×月×日

复核意见： □与实际施工情况不相符，修改意见见附件。 ☑与实际施工情况相符，具体金额由造价工程师复核。	复核意见： 　　你方提出的竣工结算款支付申请经复核，竣工结算款总额为（大写）<u>伍仟贰佰肆拾玖万零壹佰玖拾贰元伍角陆分</u>（小写<u>52490192.56元</u>），扣除前期支付以及质量保证金后应支付金额为（大写）<u>肆佰壹拾捌万柒仟贰佰陆拾贰元玖角陆分</u>（小写<u>4187262.96元</u>）。
监理工程师：　××× 日　　期：××年×月×日	造价工程师：　××× 日　　期：××年×月×日

审核意见：
□不同意。
☑同意，支付时间为本表签发后的15d内。

发包人（章）
发包人代表：　×××
日　期：××年×月×日

注：1. 在选择栏中的"□"内作标识"√"。
　　2. 本表一式四份，由承包人填报，发包人、监理人、造价咨询人、承包人各存一份。

15. 最终结清支付申请（核准）表

最终结清支付申请（核准）表

工程名称：某市道路改造工程　　　　　　　标段：　　　　　　　　　编号：

致：<u>某市道路改造工程指挥办公室</u>　　　　　　　　　　　　　　（发包人全称）

我方于<u>××</u>至<u>××</u>期间已完成了缺陷修复工作，根据施工合同的约定，现申请支付最终结清合同款额为（大写）<u>贰佰陆拾贰万肆仟伍佰零玖元陆角零分</u>（小写<u>2624509.60元</u>），请予核准。

序号	名称	申请金额/元	复核金额/元	备注
1	已预留的质量保证金	2624509.60	2624509.60	
2	应增加因发包人原因造成缺陷的修复金额	0	0	
3	应扣减承包人不修复缺陷、发包人组织修复的金额	0	0	
4	最终应支付的合同价款	2624509.60	2624509.60	

承包人（章）

造价人员：×××　　　　承包人代表：×××　　　　日　期：××年×月×日

复核意见：

□与实际施工情况不相符，修改意见见附件。

☑与实际施工情况相符，具体金额由造价工程师复核。

监理工程师：<u>　×××　</u>

日　　期：<u>××年×月×日</u>

复核意见：

你方提出的支付申请经复核，最终应支付金额为（大写）<u>贰佰陆拾贰万肆仟伍佰零玖元陆角零分</u>（小写<u>2624509.60元</u>）。

造价工程师：<u>　×××　</u>

日　　期：<u>××年×月×日</u>

审核意见：

□不同意。

☑同意，支付时间为本表签发后的15d内。

发包人（章）

发包人代表：<u>×××</u>

日　　期：<u>××年×月×日</u>

注：1. 在选择栏中的"□"内作标识"√"。

　　2. 本表一式四份，由承包人填报，发包人、监理人、造价咨询人、承包人各存一份。

参 考 文 献

［1］ 国家标准.《建设工程工程量清单计价规范》GB 50500—2013［S］. 北京：中国计划出版社，2013.

［2］ 国家标准.《市政工程工程量计算规范》GB 50857—2013［S］. 北京：中国计划出版社，2013.

［3］ 国家标准.《建设工程计价计量规范辅导》［M］. 北京：中国计划出版社，2013.

［4］ 中华人民共和国建设部.《全国统一市政工程预算定额（通用项目）》GYD-301—1999［S］. 北京：中国计划出版社，1999.

［5］ 中华人民共和国建设部.《全国统一市政工程预算定额（道路工程）》GYD-302—1999［S］. 北京：中国计划出版社，1999.

［6］ 中华人民共和国建设部.《全国统一市政工程预算定额（桥涵工程）》GYD-303—1999［S］. 北京：中国计划出版社，1999.

［7］ 中华人民共和国建设部.《全国统一市政工程预算定额（隧道工程）》GYD-304—1999［S］. 北京：中国计划出版社，1999.

［8］ 中华人民共和国建设部.《全国统一市政工程预算定额（给水工程）》GYD-305—1999［S］. 北京：中国计划出版社，1999.

［9］ 中华人民共和国建设部.《全国统一市政工程预算定额（排水工程）》GYD-306—1999［S］. 北京：中国计划出版社，1999.

［10］ 中华人民共和国建设部.《全国统一市政工程预算定额（燃气与集中供热工程）》GYD-307—1999［S］. 北京：中国计划出版社，1999.

［11］ 王全杰、张冬秀. 钢筋工程量计算实训教程［M］. 重庆：重庆大学出版社，2012.

［12］ 闫晨. 市政工程［M］. 北京：中国铁道出版社，2012.